产业变革背景下纺织类本科人才培养研究

徐小萍　邹专勇 / 著

中国纺织出版社有限公司

内 容 提 要

本书系统梳理了高校纺织类专业人才培养的最新理论研究和实践探索成果，深入分析和揭示了纺织高等教育的发展趋势，为破解纺织高端人才培养的困境提供了启发性的参考。全书共七章，第一、第二章作为"宏观叙事"，旨在通过考量我国纺织产业发展和专业人才培养的现状及趋势，探索其内在逻辑，为确立当代高校纺织类本科人才培养最优范式提供依据；其余各章组成"微观叙事"，聚焦我国新时代高校纺织类本科人才培养体系，从目标和规格、质量标准、培养模式、教学模式、产教融合等多重维度，构建有当代中国特色的纺织人才培养范式。本书采用理论分析与实证研究相结合的方法，以案例和数据支撑论点，力求实现宽视域、大纵深、高聚焦、强学理、重实操的有机统一。

本书适合纺织类专业师生、研究人员及政策制定者阅读。

图书在版编目（CIP）数据

产业变革背景下纺织类本科人才培养研究 / 徐小萍，邹专勇著. -- 北京：中国纺织出版社有限公司，2025.
4. -- ISBN 978-7-5229-2591-2

Ⅰ. TS1

中国国家版本馆 CIP 数据核字第 20254FD490 号

责任编辑：沈　靖　　责任校对：高　涵　　责任印制：王艳丽

中国纺织出版社有限公司出版发行
地址：北京市朝阳区百子湾东里A407号楼　邮政编码：100124
销售电话：010—67004422　传真：010—87155801
http://www.c-textilep.com
中国纺织出版社天猫旗舰店
官方微博 http://weibo.com/2119887771
三河市宏盛印务有限公司印刷　各地新华书店经销
2025年4月第1版第1次印刷
开本：710×1000　1/16　印张：13
字数：206千字　定价：88.00元

凡购本书，如有缺页、倒页、脱页，由本社图书营销中心调换

序

在智能制造、绿色理念、消费变革等多重浪潮冲击下，全球纺织服装产业正在经历深刻变革。作为支撑产业发展的核心力量，我国纺织高等教育在不断走向高质量发展道路的过程中，还面临着诸多亟待解决的难题，比如传统人才培养模式与产业升级需求脱节、课程体系滞后于技术迭代、产教融合流于形式、双师型人才不足等。在此背景下，《产业变革背景下纺织类本科人才培养研究》一书的出版恰逢其时。该书以系统性思维与创新性视角，既直面纺织教育痛点，又为行业转型提供了颇具参考价值的改革路径，是一部调研广泛、分析深入的研究论著。

该书最大的价值在于其构建的"三维研究体系"，即纵向产业链技术变革分析、横向国际教育模式比较、五维人才培养改革路径（五维即"目标定位、质量标准、培养模式、课程体系、产教协同"），形成了"宏观—中观—微观"的全方位研究框架。这种系统性思维将人才培养置于产业生态与技术革命的动态语境中，体现了鲜明的现实意义和前瞻性。

在纵向维度上，作者以全产业链视角梳理了从原料端到装备端的技术变革，分析了智能制造、绿色纤维、数字印染等关键领域对人才能力的需求变化。例如，书中指出传统纺织工程专业课程"偏重知识传授、忽略设计创新能力培养"的倾向，导致学生在科技创新、时尚设计及绿色环保等方面能力不足，这一观点的确是当前教育体系的痛点之一。横向比较维度则通过分析国外纺织行业人才培养模式，提炼出"实践能力导向""产业技术前置""终身学习体系"等国际经验，为我国纺织教育国际化提供了参考。

尤为值得称道的是，相关内容并未停留于理论探讨，而是通过五维改革路径，试图将观点和理念转化为可操作的行动指南。例如，书中提出的三级质量标准体系，通过专业建设标准、课程建设标准、课堂教学标准的递进式设计，构建了从宏观到微观的质量闭环。

长期以来，纺织高等教育面临"企业抱怨毕业生能力不足，高校认为企业参与意愿低"的不良循环。本书以产教融合为主线，提出了四大特色培养模式，其创新性体现在以下三个层面。其一，分层分类培养理念。通过"卓越工程师计划"强化工程实践能力、"拔尖创新实验班"聚焦研发人才培养、"书院制"促进学科交叉、"国际化培养"拓展全球视野，形成适应产业多元化需求的人才供给结构。这种差异化培养模式试图打破传统"一刀切"的弊端。其二，校企协同机制创新。书中提出的"校会企三方协同育人机制"，通过行业协会搭建资源共享平台、企业深度参与课程开发、高校提供技术反哺，构建起利益共同体。其三，课程体系的重构逻辑。书中提出了"应用型课程"概念，强调以产业需求定义课程目标、以技术标准设计教学内容、以项目驱动重构教学流程。

当然，纺织高等教育转型是一个大课题，需要群策群力方能趋于完善，作者的研究仅是贡献了一家之言。本书在若干方面未来仍有加强与完善之处。首先，关于产业变革历史的梳理虽具宏观视野，如能在后续研究中进一步聚焦关键节点，提炼更具针对性的启示，将有助于读者更清晰地把握历史经验与当下转型的内在关联。其次，纺织高等教育作为行业教育的重要组成部分，其与职业教育的衔接机制、协同发展路径等议题，还需要进一步加以探讨。最后，著作中丰富的行业数据展现了扎实的研究基础，如能加强对部分数据的分析，阐释其与研究结论的内在关联，将进一步提升论著的说服力。

虽然如此，瑕不掩瑜。总体而言，《产业变革背景下纺织类本科人才培养研究》是一部兼具理论深度与实践价值的力作。它不仅系统揭示了传统纺织高等教育的众多症结，更通过系统性研究框架与实证案例，为纺织高等教育改革提供了颇具参考价值的范式。书中列举的一些质量标准体系、产教融合模式等成果，已在多所高校的实践中显现成效，这对于正处在爬坡过坎阶段的纺织高等教育而言，无疑是一剂良方。

当前，我国纺织行业正处于由"大"到"强"的关键跃迁期，而人才供给质量将直接决定这一跃迁的高度与速度。本书的价值，不仅在于为高校管理者、一线教师提供改革、改进的参考意见，更在于传递出一种信念：只要紧扣产业脉搏、敢于突破固有范式，我国纺织高等教育完全能够在时代变革中破局重生，为纺织制造强国建设筑牢人才基石。本书作者为了纺织高等教育的发展而殚精竭智，其用心之殷切诚可钦佩，希望能有更多的有识之士继续贡献真知灼见。让我们以创新为梭、以传承为线，共同编织出纺织服装教育的锦绣蓝图。

中国纺织服装教育学会会长：

2025 年 4 月

前　言

纺织业是不断创新发展的制造业，涉及与纺织有关的原料环节、中间制造环节、终端产品、装备行业等众多领域，是我国处于世界先进水平的制造业行业之一。中国纺织工业是国民经济与社会发展的支柱产业、解决民生与美化生活的基础产业、国际合作与融合发展的优势产业。

在全球经济一体化和科技进步日新月异的背景下，纺织业正面临前所未有的机遇与挑战。科技对纺织业的影响主要体现在推动产业转型升级、提高生产效率、促进绿色发展以及增强国际竞争力等方面。科技创新应用一方面使纺织业能够实现高端制造和智能制造融合，人工智能、大数据、云计算等新一代技术的应用，将加速推动纺织业高端化、智能化，功能、时尚、绿色成为发展主旋律，有力促进了纺织产业的转型升级，增强了国际竞争力；另一方面改变了纺织业的经济增长方式，竞争日益激烈，研发创新投入不断加大，对高层次人才的需求更加迫切，因此，应着眼于全球抢占纺织制造领域的技术制高点，构建国际供应链的话语权。

如何抓住机遇、应对挑战，已成为业界和学术界共同关注的焦点，而通过改革创新纺织业高级人才培养模式，培育出契合新时代纺织业发展的专业人才，从而实现纺织产业的可持续发展，也已成为产业界和教育界广泛的共识。伴随现代纺织业科技含量的提升，对从业者的综合素养提出了明确的要求，应具备以下几方面的能力。

一是扎实的专业知识和技能。纺织行业学科交叉特征越来越明显，应掌握专业领域的基本理论和专业知识，能够从事纺织技术研发、产品设计开发、贸易与营销等工作。

二是科技创新能力。随着纺织行业科技的不断发展，对人才的需求从传统的技能型向创新型转变，需要能够进行关键技术攻关、解决行业发展的技术难题、推动科技成果转化、打造行业发展新引擎的科技创新人才。

三是实践创新能力。纺织行业需要大量实践型人才，随着技术不断升级、行业竞争加剧，越来越需要围绕设备、工艺、产品及管理等方面开展实践创新，以满足企业生产实际和未来发展需要。

四是国际视野和跨文化交流能力。全球化背景下，国际视野和跨文化交流能力对纺织行业从业者要求越来越迫切。通过适应不同国家和地区的语言和文化，更好地了解市场需求，有利于打开国际市场，促进国际贸易。

五是终身学习能力。为了适应不断变化的市场需求和日新月异的技术迭代，纺织行业从业人员应树立终身学习的意识，提升新的知识结构，掌握新的技能本领，了解行业前沿发展趋势。

产业、行业的不断迭代势必会对人才提出更高的要求，这也将给高等教育带来新的变化，尤其在人才培养方面，对人才培养的知识、能力和素质都提出新的要求。在纺织行业为适应产业内外环境的变化而变革的背景下，本书对我国产业（从原料环节、中间制造环节、终端产品到装备行业）现状进行全面分析，并结合行业未来发展趋势进行预测与展望。与此同时，本书回顾了纺织类本科人才培养的历史，分析了行业从业者的现状，并在此基础上提出纺织类本科人才培养的未来方向。

与同类著作相比，本书在以下问题上展开了更加深入的研究。

1. "应用型""创新型""复合型"三者的关系

人才培养的类型，从根本上受制于产业行业对人才的需求。纺织业对人才类型的需求虽说有着很大的跨度，但主体仍是"应用型""创新型"和"复合型"人才。但随着经济的转型发展，人才市场对人才的要求更加趋向于这三种人才类型的综合，不仅要求具备扎实且广泛的基础知识，还需要有深厚的专业素养和技能，同时能够灵活地运用知识进行创新活动，并注重品德修养。因此，这三种人才类型在培养理念、内容和措施上存在着紧密的联系，它们并不相互排斥，而是各有侧重，且必须相互兼顾。也就是说，把创新融入应用型人才的培养中，使创新意识和能力与工作实际相结合，并且不囿于狭窄的专业领域，可以在行业、产业或岗位的"链""群"之间迁徙。这种人才培养模式势必成为将来纺织业人才培养的主流。

2. 课堂教学的质量标准

质量必须具有可操作性，也就是说，若离开了可检测的标准，任何质量要求都是很难量化的。我国高等教育在经历了漫长的有质量而无标准的时期后，近年来伴随各级各类质量评估的推行，质量标准化进程发展迅猛，各种质量标准层出不穷，对提高人才培养质量发挥了积极的作用。然而，与专业、课程、教材和实验室等建设的质量标准研究相比，课堂教学质量标准的研究相对滞后。一方面，因为课堂教学的教师主体色彩浓、主观因素多、客观量化维度少；另一方面，因材施教、专业学科差异和学生差别也是课堂教学质量标准制定的障碍。可以说，不少高校在课堂教学上仍处于有质量而无标准的状态。这种状态在纺织业人才的培养上屡见不鲜，它就像一渠灌溉农田的水，没有流到尽头，从根本上"虚化"和"淡化"了各类质量标准对人才培养的制约和保障作用，所以，必须让质量监控牢牢统摄课堂这一人才培养的主战场、主阵地，为课堂教学质量建章立制。

3. 人才培养的多样化

现代教育制度具有统一性、标准化、以教定学等基本特征，这些特征确保了教育管理的关键要素如招生、学籍、学分、文凭、职称等的控制，保证了教育行政管理的效能和人才培养质量的基本水准。然而，在教育实践中，这种统一性也往往成为多样性的对立面，表现为教育目标和规格的简单性、教育过程的齐一性和教学手段的单一性，从而使教育与社会需求的多样化和学生个体化差异之间形成巨大的张力。显而易见，这无疑是造成人才培养同质化的一个重要原因。其实，现代教育制度并非只具有统一性，同时还具有多样性，是融合了多样性或是建立在多样性基础上的统一性。它既保证了教育的基本标准和质量，又尊重不同地区、产业、群体的特殊性。本书从"大体系"（指全国各层次高校）和"多路径"角度深入探究人才培养的多样化，为各级各类纺织业人才培养提供合理性、价值性的佐证。

4. 应用型课程教学模式

从人才培养的类型或规格角度研究课程的分类，是一个全新的视角。本书提出"应用型课程"概念，是基于对人才培养分类和提高人才培养质量内在要求的深度思考。众所周知，在专业人才培养方案中，培养目标要通过课程体系的实施来实现，而体现人才培养目标的培养规格，则是确定一门课程教什么、如何教的根本依据。长期以来，脱离人才培养的目标和规格而去确定教学内容和方法，使课程教学无法有效支撑专业人才培养目标和规格的实现。无论专业培养目标有多大的差异，到了课程教学时"九九归一"，各级各类学校都在使用同样的教材，讲授同样的内容，使用同样的讲授方法，其结果自然是"产出"同一类型的人才，无法满足多样化的社会需求。所以，围绕人才培养的类型开展课程教学改革是大势所趋，创建应用型课程教学模式是深化教学改革的必然结果。

本书注重理论与实践的有机结合，追求理性分析与实证研究的相互协同，在对我国纺织产业发展和专业人才培养进行深入的理论分析的同时，结合具体案例和实践进行实证研究。作为一本关于我国纺织产业发展及专业人才培养趋势分析的综合性著作，本书既具有理论深度，又具有实践指导意义。希望本书能为推动我国纺织产业的可持续发展、提升纺织类本科人才培养质量提供有益的借鉴和启示。

本书的撰写得到洪剑寒、刘越、缪宏超、张寅江、葛烨倩等老师的大力支持，他们为本书的成形奠定了坚实的基础，在此表示感谢。

作者

2024 年 8 月

目　　录

第一章　我国纺织产业发展及专业人才培养趋势……………1

第一节　我国纺织产业现状………………………………1
　　一、原料环节 ……………………………………………1
　　二、中间制造环节 ………………………………………6
　　三、终端产品 ……………………………………………9
　　四、装备行业 ……………………………………………12

第二节　我国纺织行业未来发展走向……………………13
　　一、从形势发展的变化中找寻方向 ……………………14
　　二、行业工作的重点方向 ………………………………17

第三节　我国纺织类本科人才培养趋势…………………18
　　一、纺织类人才培养的历史回顾 ………………………18
　　二、纺织行业专业人才从业现状 ………………………25
　　三、纺织类本科人才培养趋势 …………………………27

第二章　纺织类本科人才培养现状……………………………37

第一节　国内外高校纺织类本科人才培养的差异化………37
　　一、差异表现 ……………………………………………37
　　二、原因分析 ……………………………………………38

第二节　国内不同层次高校纺织类本科人才培养的差异化…40
　　一、差异表现 ……………………………………………40
　　二、原因分析 ……………………………………………41

第三章　纺织类本科人才培养的目标和规格……43
第一节　目标和规格的基本内涵……43
一、目标……43
二、规格……45
三、纺织类本科人才培养目标和规格案例介绍……48
第二节　目标和规格的现状与超越……52
一、顺应：服务产业……52
二、超越：引领产业……55
第三节　应用型、创新型、复合型人才培养……58
一、应用型、创新型、复合型人才辨析……59
二、应用型、创新型、复合型人才培养的时代需求……61
三、应用型、创新型、复合型人才培养重点……62

第四章　纺织类本科人才培养三大质量标准……65
第一节　专业建设质量标准……65
一、专业建设质量标准的内容与实施……65
二、专业教学质量保障标准……66
三、纺织工程专业质量标准案例介绍……67
第二节　课程建设质量标准……86
一、课程质量评价定性标准……86
二、课程质量评价量化标准案例介绍……88
三、纺织工程专业课程评价实践案例介绍……92
第三节　课堂教学质量标准……101
一、课堂建设质量标准……101
二、课堂教学质量标准保障体系……103
三、课堂教学质量标准案例介绍……105

第五章 多样化的纺织类本科人才培养模式及其启示 ……112

第一节 "卓越工程师"培养模式 ……112
一、"卓越工程师"培养模式的定义 ……112
二、纺织类"卓越工程师"培养模式 ……114
三、案例介绍 ……114

第二节 "拔尖创新实验班"培养模式 ……118
一、"拔尖创新实验班"培养模式的定义 ……118
二、纺织类"拔尖创新实验班"培养模式 ……118
三、案例介绍 ……119

第三节 "书院制"培养模式 ……122
一、"书院制"培养模式的定义 ……122
二、纺织类"书院制"培养模式 ……123
三、案例介绍 ……123

第四节 国际化人才培养模式 ……126
一、国际化人才培养模式的定义 ……126
二、纺织类国际化人才培养模式 ……126
三、案例介绍 ……127

第五节 纺织类创新人才培养模式启示 ……131
一、创新人才培养是时代的呼唤 ……131
二、纺织类人才培养模式的选择逻辑 ……132
三、纺织类人才培养模式选择的实践启示 ……132
四、典型案例与模式创新 ……133
五、未来发展方向 ……133

第六章 纺织类本科人才培养的课程教学模式 ……134
第一节 应用型课程教学模式 ……134

一、应用型人才培养模式改革背景……………………………134
　　二、应用型课程教学模式改革探索案例介绍………………135
 第二节　应用型课程教学模式的实例分析………………………137
　　一、"染料化学"课程教学模式改革…………………………137
　　二、"纺织品市场营销"课程教学模式改革…………………139
　　三、课程两性一度提升探索与实践案例介绍………………141
　　四、纺织类应用型课程思政实践探索案例介绍……………149

第七章　产教融合高效育人范式……………………………………157
 第一节　产教融合是高效育人的必由之路………………………157
　　一、产教融合的定义……………………………………………157
　　二、产教融合的必然性…………………………………………158
　　三、产教融合的历程……………………………………………159
　　四、产教融合的困境……………………………………………160
　　五、产才融合育人范式研究与实践案例介绍………………163
 第二节　产业学院是突破瓶颈的必然选择………………………167
　　一、国家关于校企合作政策导向的变化轨迹………………167
　　二、不同层次高校的特色做法…………………………………172
 第三节　协同育人是教育资源优化配置的不二法门……………173
　　一、协同育人理念………………………………………………173
　　二、五大协同……………………………………………………174
　　三、协同育人体系的构建………………………………………178

参考文献………………………………………………………………185

第一章 我国纺织产业发展及专业人才培养趋势

第一节 我国纺织产业现状

纺织工业的产业链很长,包括原料环节(纤维原料、染料与印染助剂)、中间制造环节(纱线加工、纺织品加工及印染行业)、终端产品(服用纺织品、家用纺织品及产业用纺织品)和装备行业(纺织机械行业),如图1-1所示。我国的纺织业有齐全的加工门类,加工能力和消费能力居世界首位。

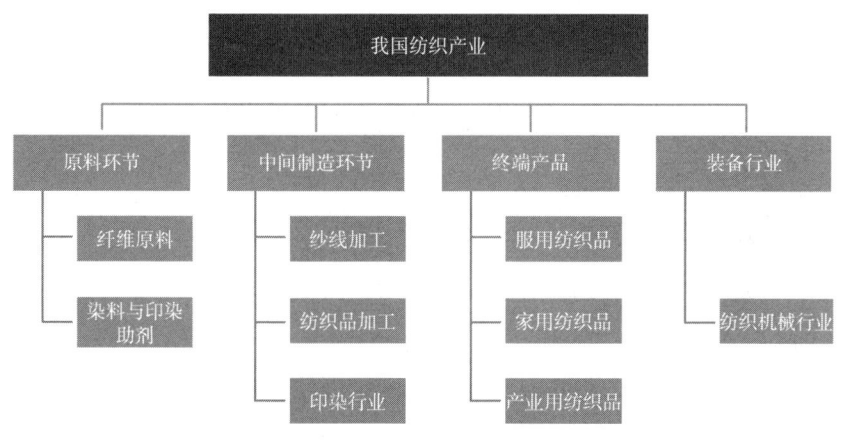

图1-1 我国纺织产业概况

一、原料环节

纺织行业的原料环节主要包括两大类:纤维原料、染料。纤维原料是指一切可用于纺纱和纺织品制造的纤维材质;染料与印染助剂都是纺织品生产加工过程中不可缺少的化学品。[1]

(一)纤维原料

纤维通常是指长径比在10^3倍以上,粗细在微米甚至达纳米尺度的柔软细长体。依据来源的不同，纤维通常可被划分为两大类：天然纤维与化学纤维。当前，全球纤维的总产量约为12400万吨，而我国在这一总产量中所占的比重高达50%，即在全球纤维生产领域，我国贡献了半数的产量。我国纤维产业主要集中在涤纶长丝、涤纶短纤、棉花、黏胶纤维、锦纶等常规纤维产品的生产上。然而，这些常规纤维产品市场面临着同质化竞争和毛利空间受限的问题，市场竞争异常激烈，尤其是近年来，市场集中化趋势日益凸显。

1. 天然纤维

（1）天然纤维的定义及分类。自然界现有的，或者通过人工培育的植物或者动物获得的纺织纤维通常叫作天然纤维。这类纤维无须额外加工即可直接应用于纺织业，尤其在纺纱环节中。依据其来源，天然纤维可被细分为植物纤维、动物纤维及矿物纤维三类，见表1-1。天然纤维因来自自然界，在用于服装穿着时具有较高的舒适性，不仅可再生，而且可生物降解。

表1-1 天然纤维的分类

分类	来源	主要成分
植物纤维	从植物体中提取	纤维素
动物纤维	从动物体或动物分泌物中提取	蛋白质
矿物纤维	从具有纤维状结构的矿物岩石中提取	硅酸盐

（2）天然纤维的产能及发展趋势。我国的天然纤维不仅品种繁多，而且产量和规模巨大，见表1-2。随着环保理念逐渐深入人心，以及消费者对服装舒适度和健康性需求的持续增长，注重服饰外在质感的同时也关注内在保健功能已成为当下服装消费领域的新潮流。绿色、生态友好的天然纤维产品正逐渐成为引领全球纺织品与服装消费新潮流的主导力量。

表1-2 我国天然纤维产量及发展

纤维名称	年产量/万吨	分布及发展
棉	600	我国是全球重要的棉花生产国。预计2025年全球棉花产量将达到2562.04万吨，将比上一年度增产149.74万吨
苎麻/亚麻	5.4/1.7	我国麻类纤维的资源丰富，常见的麻纤维主要有苎麻和亚麻，其中苎麻产量居世界首位。苎麻是我国独有的宝贵资源。近年来国内对亚麻纤维的需求一直维持在20万吨左右，从2015年的19.23万吨稳步增长至2022年的23.8万吨

续表

纤维名称	年产量/万吨	分布及发展
桑蚕丝	68	我国的桑园面积维持在大约1100万亩（1亩≈667平方米），年产量稳定在约68万吨。但全国蚕茧及桑蚕茧的产量均有下滑趋势[2]
绵羊毛	35.6	我国不仅是羊毛生产的重要国家，而且位居全球羊毛加工与消费的首位。近年来，我国绵羊毛产量呈现下滑趋势

2. 化学纤维

（1）化学纤维的定义及分类。化学纤维是指以天然或合成高分子聚合物为基础，主要通过化学处理手段生产出来的纺织纤维。根据其原料来源、生产工艺及化学成分，化学纤维可进一步被分为再生纤维和合成纤维。

化学纤维展现出多样化的特性，并且不同品种之间存在显著的差异。它们的优点表现在，不管是细度、长度还是强度都可以根据需要进行人为调控。化学纤维具有强度高、伸长性好、弹性和耐磨性突出的优点[3]，但化学纤维也存在摩擦力大、抱合力小、静电现象严重、容易起球及吸湿能力较差等缺点。

（2）化学纤维产量及发展趋势。我国独立生产的化学纤维种类繁多，而且几乎全球其他国家的化学纤维种类，我国都有能力生产。如图1-2所示，2016~2023年，我国化学纤维产量逐年增长（除2017年、2022年）。2016年全国化学纤维产量为4886.4万吨，2023年则达到6872万吨。[4]

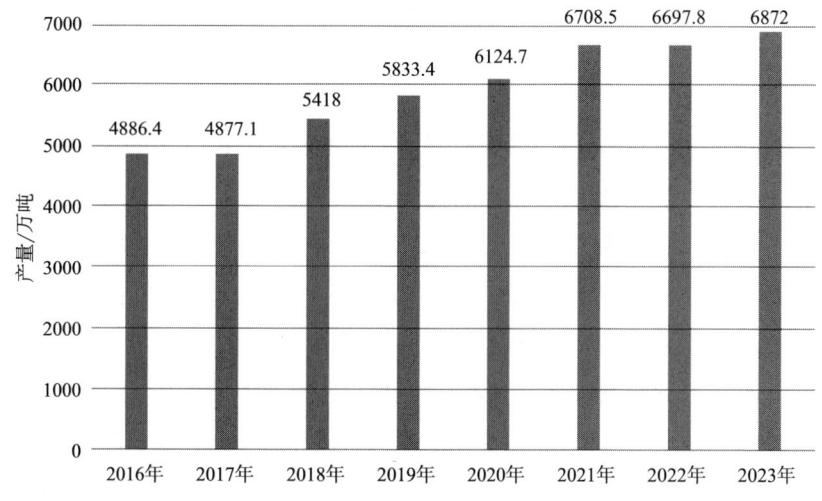

图1-2 2016~2023年中国化学纤维产量情况

从当前的发展趋势来看，聚酯纤维正逐渐成为化学纤维领域的新增长点。与此同时，聚酯产业的领军企业也正将投资焦点转向新型材料的研发。在中长期内，随着产业结构的快速调整，化学纤维的下游应用将日渐偏向于纺织服装行业，预示着聚酯行业将迈入一个新的快速发展阶段。尽管短期内聚酯市场可能会遭遇一些波动，但长远来看，随着主导产业链的进一步整合，其产业链的协同效应和整体竞争力将持续提升。此外，以聚酯纤维为代表的化学纤维产业将维持其强劲的增长势头。此外，碳纤维产业也持续吸引着大量投资，有可能成为新的发展趋势。

（二）染料与印染助剂

在纺织品的生产加工流程中，染料与印染助剂作为不可或缺的化学品，发挥着重要作用。染料赋予纺织品丰富多彩的颜色，而印染助剂在提升产品质量和增加附加值方面扮演着至关重要的角色。这两类物质共同确保了纺织品的色彩美观和实用性。

1. 染料

（1）染料的定义及分类。染料是指能使纤维或其他物料获得鲜明而牢固色泽的一类有机化合物。染料的多样特性及其使用方式的差异，使得其可以被划分为多个种类，包括分散染料、活性染料、硫化染料、还原染料、酸性染料及直接染料等。[5]在这些染料种类中，分散染料的产量位居首位，并且它是唯一一种能够应用于聚酯纤维染色和印花工艺的染料类型。

（2）染料的产量及发展趋势。2023年全国染料行业的总产量高达88.3万吨，2023年全国染料行业规模以上企业单位数量为286家，行业总产值达到782.7亿元。❶从行业发展趋势的角度来看，染料行业的未来重点将聚焦于中高端染料的研发以及推动绿色环保发展的进程。这种发展方向不仅符合当前市场对更高品质染料的需求，也顺应了环保和可持续发展的全球趋势。一方面，随着国内纺织工业的迅猛发展和消费者对纺织品个性化、舒适度、品牌化及功能性的日益追求，中高端染料的研究与开发正逐渐成为染料产业的主导趋势。另一方面，绿色环保已成为行业发展的必然趋势，而绿色纺织品成为市场的基本要求，技术的持续进步推动了环保型染料的

---

❶ 数据来源：中国染料工业协会2023年统计。

研发与应用,这不仅代表了染料行业的新发展方向,同时也为市场注入了更多的活力和机会。[6]

2. 印染助剂

(1)印染助剂的定义及分类。印染助剂是在纺织品印染流程中不可或缺的化学物质,它们的主要作用在于协助纺织品实现特定的印染效果,改善颜色牢度,提高印染工艺的效率,从而确保最终产品的品质。这些助剂使染料、颜料与纺织品相互作用,进而达到预期的色彩和纹理效果。印染助剂对染色织物的品质具有重要影响,直接关系到织物染色后的外观和穿着性能。印染助剂种类繁多,根据其功能和应用领域的不同,可以分为分散剂、固色剂、催化剂、还原剂、增白剂、防移剂、抗皱剂、助流剂、固定剂等不同类型。

(2)印染助剂的产量及发展趋势。作为全球纺织服装生产与消费的重要国家,我国对印染助剂的需求在纺织业中呈现持续增长态势。据统计,2023年我国对印染助剂的需求量已从2017年的196.66万吨增长至285.08万吨,产量也由193.5万吨提升至262.22万吨。国内企业在高端产品开发上加大投入力度,推动我国印染助剂向高端市场发展。随着市场需求增加和竞争加剧,印染助剂市场发展趋于规模化和集约化。目前,我国印染助剂市场集中度尚低,领军企业传化智联股份有限公司在全国印染助剂市场的销售收入占比为9.25%。浙江龙盛集团股份有限公司作为印染助剂生产的重点企业,其销售收入占全国印染助剂的2.16%。

近年来,我国政府对印染助剂行业的发展给予了高度重视与大力支持。随着经济的稳步增长,预计社会消费品年消费量将显著提升,从而进一步促进印染企业的壮大。因此,印染助剂的销售量有望随之增长。与此同时,印染行业持续推出新技术和环保型产品,为印染助剂行业带来了更多的发展机遇。在此背景下,印染助剂企业若想实现良好的经济效益,必须加大对生产管理的投入。相关企业应抓住规模化、专业化和多元化的发展机遇,以应对未来市场的挑战。尽管印染助剂行业在未来一段时间内仍将面临各种市场发展的困难和挑战,但总体来看,其发展趋势保持积极状态,行业前景依然乐观。[7-8]

二、中间制造环节

(一) 纱线加工

1. 纺纱加工的定义及技术

纺纱加工是指通过加捻,使纤维紧密结合,从而变成连续不断的纱线的过程。纺纱加工的核心目的是满足纺织品生产的需求,织造出适用的纱线。在此过程中,纺纱的首要环节是将众多短纤维聚集起来,形成松散的纱线结构。随后逐步抽取并经过捻搓,这些松散的纱线成为细密且连续的纱线。这一过程的关键在于加捻处理,它不仅能够延长纱线的长度,而且有助于增强其结构的稳定性和耐用性,从而确保其在后续纺织品生产中的优质表现。不同的纺纱类型有其独特的优缺点和应用领域,常见的纺纱类型有环锭纺、气流纺、喷气涡流纺、摩擦纺、走锭纺、静电纺等。

2. 我国纺纱的产量及发展趋势

如图1-3所示,2023年我国纱线产量达到2900万吨。在2023年,我国的棉纱产量达到455万吨,实现每年稳步增长。[9]

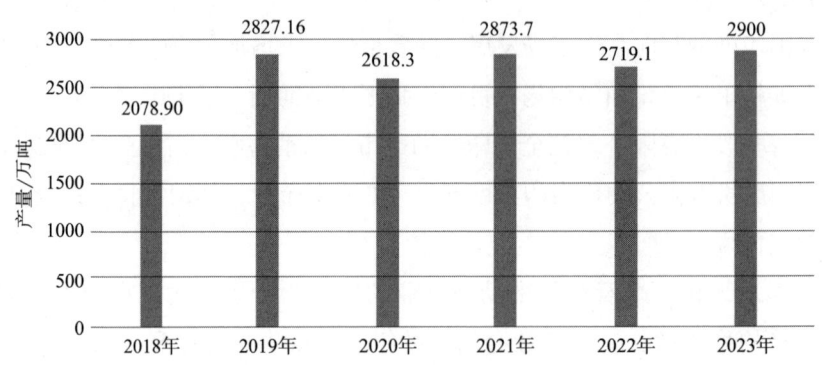

图1-3 2018～2023年我国纱线产量

随着科技的持续进步,纺纱技术的未来发展正朝着连续化、高效率、智能化和环保型的方向迈进。为了推动新型纺纱技术的不断创新,我们必须坚持以应用基础研究为基石。纺纱领域的核心科学挑战在于构建一个全面系统的纤维聚集体动力学模型。基于这一模型,可以深入研究纤维的动力学特性、力学机制以及气流与多种元素的相互作用,从而实现对纤维的精准分布。因此,加强纺纱领域的基础研究显得尤为重要。当前,多学科交叉融合,特别是信息技术与纺纱技术的结合，正成为推动新型纺纱技术发展的关键动力。大数据和人工智能技术在纺纱行业的应用，将为纺纱技术的升级提供有力支持。近年来，我国国际纺织机械展览会上也充分体现了自动化、数字化、网络化和智能化的发展方向。纺纱机械设备的互联互通、网络化管理、在线远程监控和远程运维已经成为行业标配，极大地便利了数据的采集和应用。同时，转杯纺纱机、络筒、倒筒、并纱工序普遍采用自动换管技术，显著提升了纺纱机的自动化、网络化和智能化水平。

（二）纺织品加工（机织、针织和非织造）

1. 纺织品加工的定义及分类

按加工形式，纺织品一般分为机织物、针织物以及非织造物三大类，如图1-4所示。

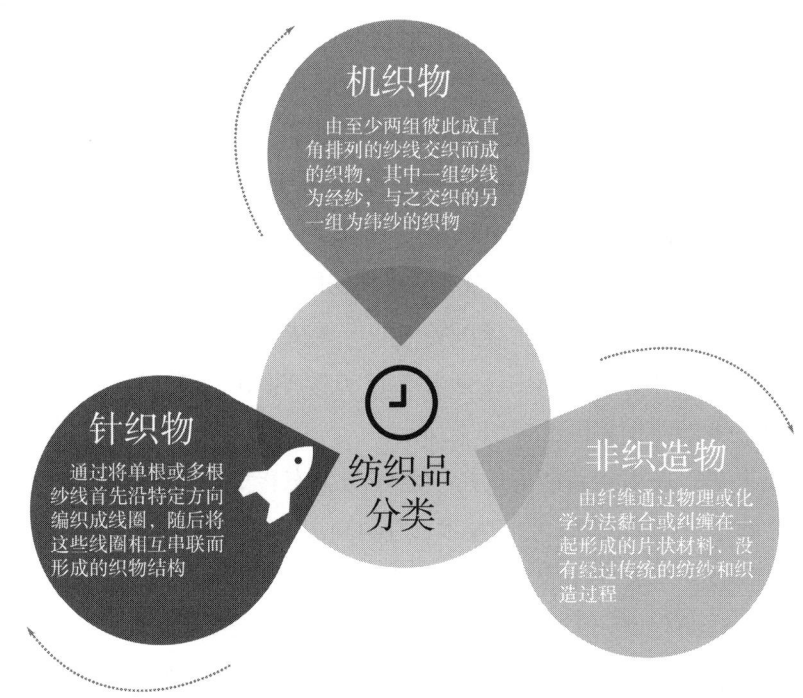

图1-4　纺织品分类

三者各具特色，不仅结构相异，性能、应用领域及生产工艺也各有不同。机织物和针织物是通过编织技术，由纱线或长丝交织而成的。非织造物是通过黏合、融合纺织纤维，或运用其他机械和化学工艺加工制造而成的。这种差异使得它们在各自的适用领域中发挥着独特的作用。

不同品种的纺织品都拥有其独特的性能和用途，它们为人们的日常生活提供了便利与美好，人们可以根据自己的需求来选择不同的纺织品。随着科技的不断进步，传统纺织品的界限逐渐模糊，涌现出众多融合多种技术特点的新型纺织产品。

2. 我国纺织品的产量及发展趋势

（1）我国机织物的产量在全球处于领先地位，在国内消费能力提升和产业升级的推动下，机织物市场仍有巨大的发展潜力。相关数据显示，预计2050年全球纺织纤维的消费总量将达到2.53亿吨。化学纤维长丝织物的年平均消费量预计以3%的速度递增，而天然纤维织物的消费量年增长率预计为1%。

（2）作为纺织行业的重要组成部分，无论是在技术创新还是产品多样性上，针织工艺都展现出卓越贡献，因而针织行业在纺织行业发展中扮演着至关重要的角色。当前，我国针织服装在整体服装市场的占比已超50%，该行业的市场销售收入也呈现出稳步增长的趋势。据《2022—2026年针织行业现状调研与发展前景研究报告》显示，针织行业对劳动力成本的依赖性较强，而我国巨大的市场份额优势使得该行业在我国具有明显的发展优势。

（3）我国不仅是全球非织造布产量最大的国家，而且是全球最大的非织造布消费国。我国非织造布在全球市场中的份额从2001年的2.4%增长至2023年的28%。2022年，我国国内已有大约1500家非织造布卷材相关企业，其中10家大型企业的年销售额已超10亿元。

展望未来，技术创新能力的持续增强与生态转型的加快推进将使得纺织行业的品牌建设越发关键。受新技术、新材料以及创新理念的驱动，纺织业正朝着高度科技化与智能化的方向发展。预计全球智能面料市场的规模在2025年有望突破4500亿美元大关。卡尔迈耶公司聚焦智能织物领域，重点研发"纺织电路"。这类智能织物通过与电子设备或具备电子功能的纤维及织物相结合，从而实现自动加热与冷却、数据采集与传输、发电以及触觉检测等多重功能。得益于拉舍尔多芯针织机的提花与多芯编织技术，卡尔迈耶的"纺织电路"项目进一步挖掘了电子产品与纺织品融合的巨大潜力。同时，针织机的提花与多色编织功能使得导纱能够直接融入针织物中，这不仅保证了织物的原有性能，还能轻松整合传感器、导体及导电线圈等元器件，成为未来智能织物发展的新动向。

（三）印染行业

1. 印染行业的定义及分类

在纺织服装产业链中，印染行业作为一个中间环节，具有举足轻重的地位，它是影响纺织品深度转型和提升附加值的关键因素。受生产技术要求、成本控制、产品功能与风格等多重因素的影响，纺织品在生产流程中衍生出多样化的印染模式。这些不同类型的染料均具备独特的染色方式，同时也各有其优势和局限性。现阶段，行业内普遍采用的印染方式主要有纱线染色、纤维染色及织物染色三种。针对纺织品的不同染色需求，采用的印染方法也会有所不同。[10]

2. 我国印染行业的产量及发展趋势

从 2022 年开始，印染布产量的增长速度有所减缓。具体数据显示，产量从 2021 年的 605.81 亿米下降至 556.22 亿米，同比降幅达到 8.19%，即减少 49.59 亿米。根据统计数据，2022 年大型印染企业数量为 1716 家，较 2021 年减少 532 家，且亏损面达到 31%。在当前生态环保的大背景下，碳排放问题日益受到重视，这也使染料行业的环境监管标准逐渐趋于一致。国务院、工信部、生态环境部相继出台了一系列关于工业染料、污染排放以及智能制造用水等方面的政策。这意味着，工业印染厂在绿色发展、节能减排、环保以及降低碳排放等方面将面临更高的要求。印染产品在颜色和图案设计上满足了消费者对纺织印染的感官需求，其高性价比使得替代国外产品的风险相对较低。印染产品在未来的发展将趋向于智能化、功能化以及环保化，随着技术升级的加速，同一类产品的替代威胁将不断增大。从产业链的角度来看，上游主要由染料以及印染助剂等企业构成，整体来看，上游的议价能力保持在适中水平。值得注意的是，印染行业内企业数量众多，市场集中度相对较低，产品同质化现象较为明显。

三、终端产品

（一）服用纺织品

1. 服用纺织品的定义及分类

服用纺织品是构成服装的关键材料，其服用性能至关重要，主要体现在服装的构成元素、色彩表现、图案设计、材料质地，以及穿着时的舒适度、透气性、保暖性、耐磨性、柔软度、悬垂感、外观平整度、稳定性以及抗腐蚀性等多个方面。此外，服用纺织品的各项性能指标还直接关系到服装制造过程中的熨烫温度选择、热固色效果、面料的拉伸与滑动特性以及缝纫强度等关键工艺参数。[11]

2. 我国服用纺织品的产量及发展趋势

我国服装业已经与全球发展紧密相连，年产量逾700亿件的庞大规模，使我国占据全球服装产量的半壁江山。其中4.5万亿元的国内市场规模，更是占据全球销售额的四成。2023年，我国服装出口总值高达1640亿美元，占据全球31.6%的市场份额。[12]2020～2023年，我国纺织品服装出口总额稳定在3000亿美元以上，对全球纺织品服装出口增长的贡献率超过半数。[13]目前，服用纺织品将朝着品牌化、功能化、生态化和多元化的方向发展。在功能化方面，通过调整纤维组分、物质或者化学性质，以及运用新材料和织物，开发出具备防水、隔热、透气、吸汗和阻燃等多重功能的纺织品，以满足职业防护和健康保护等特殊需求。同时，随着人们环保意识的提升和生物科学的发展，"绿色产品"或"生态产品"正逐渐成为纺织服装行业的新宠。此外，产品多元化也是行业发展的重要趋势，不断增加的纺织品品种、颜色和款式，充分展现了现代人对新颖、独特设计的追求。

（二）家用纺织品

1. 家用纺织品的定义及分类

家用纺织品在生活中具有较为广泛的应用，能够较好地装饰和点缀我们的居住环境和公共空间。不论是温馨的家庭空间还是各种公共场所，如酒店、剧院、娱乐空间甚至一些交通工具等多个场景中，随处可见，在美化空间环境的同时也提升了人们的生活品质与工作舒适度。家用纺织品具有不同的种类，如床上用品、卫浴纺织品、客厅纺织品、厨房纺织品、装饰性纺织品及其他家用纺织品等，如图1-5所示。

2. 我国家用纺织品的产量及发展趋势

我国是全球最大的家用纺织品生产国和出口国，生产规模与出口量均位列第一。随着生活水平的提高，人们对家用纺织品的需求将更加旺盛，家用纺织品市场也将逐渐向高端化和个性化方向发展，细分领域的市场将逐步扩大。

同时，随着大健康概念的普及，家用纺织品中的健康和环保元素也逐渐受到人们的青睐，成为市场新的增长点。[14]未来，随着全球消费升级和需求多元化的发展，纺织行业将聚焦品牌建设和产品的功能性，尤其是在人工智能背景下，智能家居纺织品也将会是新的增长点。[15]

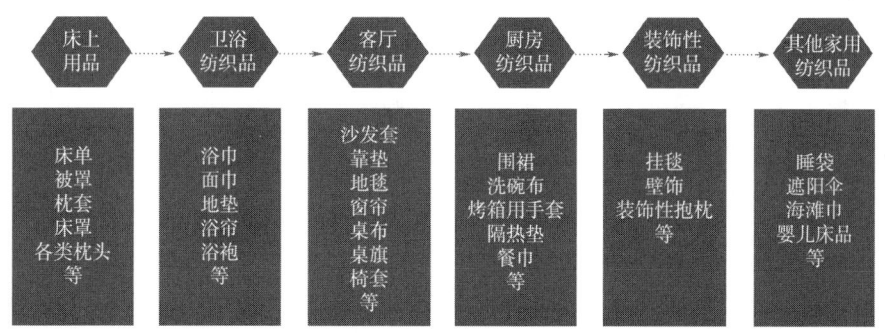

图1-5 家用纺织品分类

（三）产业用纺织品

1. 产业用纺织品的定义及分类

产业用纺织品不仅技术含量高，附加值大，而且劳动效率高，产业渗透范围广，是经过专门设计的工程结构特征鲜明的纺织品，其分类见表1-3。

表1-3 产业用纺织品分类

名称	定义	常见类型及应用领域
技术纺织品	有高科技含量的纺织品	常见于航空航天、军事、电子、汽车等领域
绳索和缆绳	用于牵引、提升、固定等	常见于航海、采矿、工程等领域
土工布	用于加固土体、防渗、排水	常见于土木工程和水利工程等方面
工业用毡毯	用于隔热、吸音、密封、过滤	广泛应用于工业设备等
安全防护用品	用于个人防护	安全帽、防尘口罩、防护服等
农业用纺织品	用于农业	遮阳网、温室保温被、植物生长支撑网等
汽车用纺织品	用于汽车装饰	汽车座椅面料、汽车内饰材料、安全气囊等
医疗用纺织品	用于医用包扎、消毒等	手术衣、口罩、绷带、纱布等
过滤材料	用于空气、液体过滤的纺织品	常见于空气净化、水处理等领域
户外用品	用于户外	帐篷、遮阳篷、广告布等
交通运输用纺织品	用于交通运输	飞机和火车的座椅面料、行李架材料等

这类纺织品在医疗、环保、交通、航天以及新能源等多个领域有着广泛的应用。[16]由于其通常需要满足工业上对强度、耐用性、耐化学性、过滤以及绝缘等方面的特定要求，因此它们通常被设计具有特定的功能。

2. 我国产业用纺织品的产量及发展趋势

近年来，我国产业用纺织品发展呈现良好态势，行业产能持续释放。据最新统计，2023年我国产业用纺织品纤维产量达到2034.1万吨，其中非织造布板块表现尤为亮眼，实现814.3万吨的产能突破。在"双碳"目标驱动下，节能减排成为产业用纺织品发展的一个重要指标，传统的生产方式将被逐渐替代，产业用纺织品行业将面临三大转变：价值定位从低成本优势转向高利润优势，增长动能从单纯的规模扩张转向创新驱动，技术路径从粗放扩张向精益智造演进。不论是针刺工艺的精密化改造、水刺技术的清洁化升级，还是纺粘流程的智能化转型，都亟待创新发展方式，企业需要加大对新材料的研发与生产工艺的创新，通过变革不断升级产业发展，赋予产品高的附加值，从而找到新的增长点。

四、装备行业

纺织装备行业主要是指与纺织机械相关的制造业领域。

（一）纺织机械的定义及分类

纺织机械即纺织专用设备，主要包含用于纺织纤维处理的所有工序中所需的机械装置。从功能上进行划分，纺织机械可分为五大类型，主要为纺纱机械、织造机械、印染机械、后整理机械及辅助设备等，见表1-4。

表1-4 纺织机械分类

名称	功能	适用范围
纺纱机械	将纺织纤维加工转化为纱线，涉及纤维梳理、排列和拉伸等	纺纱机械要求具有高精密度和高稳定性，以保障产出的纱线品质均一，且能适应多样化的纤维原料
织造机械	将纱线按照特定的方式交织成为各种织物	这类机械需要能够快速运转，并且拥有执行复杂编织动作的能力。根据机型的不同，可以生产出具有不同纹理和密度的织物产品
印染机械	对织物进行印花和染色加工	要求设备配备先进的自动化系统和精确的控制模块，以确保印染过程中颜色的均匀性和稳定性
后整理机械	对织物进行后续的加工处理，以提升其手感、外观等特性	这类机械通常涵盖脱水、烘干和定型等工艺流程，并需对不同类型的织物具备良好的适应性

续表

名称	功能	适用范围
辅助设备	与纺织机械紧密相关的装备	辅助设备在提高纺织生产效率、降低能源消耗以及减少人工操作方面扮演了举足轻重的角色。能够帮助纺织企业显著提升生产流程的自动化水平，进而优化整体运营效率

（二）我国纺织机械的发展现状及趋势

《印染行业"十四五"发展指导意见》中明确提到，为了达到我国的"双碳"减排目标，推动纺织行业由劳动密集型向依赖技术资源转型，需要着力推动技术革新、优化资源配置及提高能源利用效率，实现印染行业的环境友好型发展和纺织行业的产业升级。这样的转变有助于我国纺织行业在全球市场中获得更强的竞争力，同时有助于实现经济的绿色和可持续发展。[17]随着我国纺织行业机械制造水平的不断提升，纺织行业机械制造智能化已成为新的发展趋势。尤其是纺织产业机械制造的广泛应用，使得越来越多的智能化车间投入使用，一方面可以改善工作环境，另一方面进一步提升纺织产业机械制造的智能化，智能化的发展不仅可以减少人工成本，提升生产效率，同时还能提升产品质量，有利于在市场竞争中获得更显著的优势。[18]

第二节　我国纺织行业未来发展走向

随着新技术革命和产业变革的推进，数字化、网络化和智能化将是未来纺织服装行业的发展趋势，与此同时，设计领域也将聚焦绿色环保与可持续发展方向。未来，新的业态也会不断涌现，逐渐改变纺织行业产业链单一形态向多元化发展。产业变革必定影响着行业对专业人才的需求，一方面，对专业人才的需求日趋多样化、复合化和交叉型，意味着专业人才需要掌握更多的知识技能以应对复杂的市场环境；另一方面，随着全球化的进程加速，拥有国际化的视野和精通多国文化的国际化人才将越来越受欢迎。所以我国纺织教育改革势在必行。其一要响应国家号召，紧贴行业需求，建立政府—高校—行业—企业的协同育人体系，培养产才融合的复合型人才培养体系。其二，实施创新驱动战略，搭建平台，引入智能制造与绿色印染技术等数字化手段，强化科技与教育融合，提升人才培养的深度融合。紧接着，打破学科壁垒，促进交叉融合，推动培养"纺织+材料+设计+人工智能"的复合型卓越纺织人才，从而为行业的发展提供前沿的人才支撑。[19]

一、从形势发展的变化中找寻方向

目前，世界正经历百年未有之大变局，而我国在这一大背景下，正积极推动构建新型的"双循环"发展格局。纺织产业在这一新环境下，正迎来多元、智能、绿色、融合等新兴发展主题，同时也面临着产业发展的极限挑战。为了洞察行业服务的走向和未来发展趋势，必须从核心要素入手进行深入分析。[20]

（一）人的因素

工业的未来，归根结底，取决于人的因素。全球人口的不断增长以及人类需求的持续增加，共同决定了未来行业的发展前景。全球产业与市场将因人口结构的变化而产生深远影响，这种影响除了体现在劳动力成本上，还体现在消费方面。

人是消费市场的重要因素，对国内产业和需求市场发展起着很大的作用。自2012年起，我国的劳动年龄人口已开始缩减，而新一代劳动力对于投身制造业的兴趣也在逐渐减弱。因此，当前制造业面临的关键挑战，便是如何优化升级自身的生产体系以应对劳动力资源的减少，以及如何采取有效措施提高行业对青年人的吸引力。为了实现持续发展，纺织服装行业应加强对创新型、复合型人才及应用型人才的培育与流动，以确保行业内人才资源的优化配置和高效利用。目前，"90后"和"00后"已经接过了消费主力的大旗，他们对商品质量、服务水平以及深层次的精神消费需求日益增长，这一趋势正引领着消费市场的不断进步。诸如汉服、国潮、IP（intellectual property）合作等新兴消费热点已成为新的消费趋势。因此，探索如何提供高质量的产品和服务以满足新一代消费者的需求，将是未来行业关注的重点。

（二）科技创新

科技创新对确保产业安全和增强产业链掌控力具有重要影响。目前，国际竞争正在围绕关键技术、核心标准以及创新体系开展。要想在科技创新中取得一席之地，必须将科技创新置于行业发展和实践的战略核心地位，以确保产业发展具备自主可控能力，并为其未来发展预留足够的空间。

由于深度融合了学科交叉、技术更新、产业升级等因素，创新的复杂性达到了史无前例的难度。以纺织学科为例，作为一门交叉应用型学科，其创新的复杂性特征更为突出，因为在日常应用中，纤维材料的创新可能需要与生物学、材料与高分子、纳米科技以及半导体电子等多个领域进行交叉融合。在当今时代，产业创新已蜕变为一项高度系统化、全面融合且广泛开放的综合性项目。这一过程不仅强调各环节的紧密协作，还注重跨领域知识的深度融合与开放共享，从而构建起一个多维度、多层次的创新生态系统。

由于很多因素都会影响科技创新，且科技创新本身的复杂性以及新技术内在的不稳定性，使得研发投入不断增长，进而导致技术创新的成本和风险也不断增加。[20] 从经济和技术的角度来看，任何单一主体想要独立完成创新和生产都变得越来越困难。为了推动构建一种机制来促进行业创新，不仅需要加大资金投入，还要创造更多合作机会。

（三）数字经济

数字经济的迅速发展和广泛应用对产业格局产生了深远的影响。无论是要素、主体还是模式、业态，数字经济正从各个方面推动纺织产业发生深刻的根本性变革。数据资源化和资产化的趋势日益显著，同时，生产的智能化与精益化进程也正在持续加速。线上渠道的强大功能使企业与市场之间的联系更加紧密且广泛，从而使企业能够在短时间内获得市场的认可并迅速崛起。以希音服装服饰有限公司为例，该公司通过其在线平台向全球消费者提供时尚、高品质且价格合理的服装产品，并且通过社交媒体迅速打开国际市场。此外，越来越多的企业通过创新商业模式，正在构建跨多个领域的商业生态圈，使市场参与者人数日益增加。另外，诸如数据安全、软件安全和平台安全等新的安全风险正在影响整个产业结构的数字化转型。因此，行业现在面临着服务对象的多元化、市场逻辑的深刻重构、服务内容的持续丰富及安全风险的日益凸显等挑战，为应对这些挑战，必须迅速适应这一趋势，并持续提升数字化服务能力与水平。

数字化正为纺织产业带来深刻变革。近年来，工业互联网和智能制造技术已经全方位地应用于纺织产业的各个环节，催生了协同研发设计、自动化生产、在线监测、共享制造等一系列新业态、新模式和新场景。这些数字化、智能化、自动化技术的应用，正促使纺织产业与数字经济不断融合。[21]然而，在纺织品设计领域内，兼具纺织专业知识与人工智能技术的复合型人才仍然供不应求，这在一定程度上对该领域的创新发展构成了制约。[22]

数字经济作为一场全面的变革，正以一种前所未有的广度与深度，全面重塑社会的组织架构与互动模式。组织结构的转型显著倾向于平台化与生态化构建，这已成为行业变革的主流态势。平台经济吸引着越来越多的企业加入，积极扮演供应链整合、市场引导及产业集群中核心组织者与服务供给者的角色。例如，一些头部互联网企业凭借其在用户基础、数据资源、技术实力和资本积累上的优势，深刻影响着整个产业生态的发展和演变，个别领域甚至出现了平台垄断。

（四）绿色潮流

由于生态环境风险持续增加，绿色发展模式正日益成为众多经济体促进经济短期回暖与实现长期可持续性增长的重要考量依据。这一理念正逐渐成为全球范围内的共识，引领着各经济体朝着更加环保、可持续的方向迈进。纺织服装业作为绿色发展战略中的核心板块，其转型升级的需求更是迫在眉睫。因此，绿色可持续发展无疑成为未来工作的核心方向。

在全球范围内，绿色发展已经迈入系统化的新阶段。科技的进步让我们能更精确地追踪产品对环境的影响，从而让产品的环境成本变得更为明确且清晰。绿色发展已经被应用于整个产业生态体系。越来越多的企业开始将可持续发展视为一项全球性战略，这不仅体现在生产和管理系统中，还贯穿于创新和营销体系内。这种绿色制约不仅局限于企业内部，还进一步影响到其上下游的产业链，即各类利益相关者。财政资源正逐步向绿色领域倾斜，这一趋势已然成形。随着全球绿色金融体系的持续优化，绿色金融的内在创新活力得到了显著激发。随着《全国碳排放权交易管理办法（试行）》的实施，在企业优化资源配置和进行环境风险管理中，碳融资将成为重要手段之一。由于绿色经济的蓬勃发展，服务行业迫切需求加速构建完善的体系框架，将服务的价值链从单一环节拓展至覆盖全产业链的广泛布局。为增强在绿色领域的技术实力、产品创新性、资金运作效率与管理规模扩张能力，服务行业必须不断探索并丰富其服务手段与策略，实现绿色服务能力的全面升级与深化。

（五）经济规则

在产业与技术不断更新、地缘政治领域内竞争与合作交织的复杂态势下，将对全球科技版图、产业架构及贸易策略产生重要影响。经济规则的重塑已成为一个不可或缺的议题，其对于塑造产业未来的发展趋势及长远战略规划具有举足轻重的意义，深远地影响着全球经济的格局与走向。从国际上看，我国全球营商环境显著改善市场生态日益趋向公平公正，不仅惠及内资与外资，也覆盖了国有企业与民营企业，无论是线上模式还是线下实体，中小型企业乃至大型企业，均开始享受到更加均衡且丰富的成长机遇，共同推动着经济生态的繁荣与发展。市场最新发展趋势显示，我国正着力深化数字经济、平台经济运作及数据与知识产权保障体系的规范化管理进程；此外，还在积极构建反垄断框架，从而防止资本的非理性扩张倾向，强化在国际经贸往来中企业合法权益的捍卫措施，营造更为公平、有序的市场环境。

此外，随着市场规则日趋开放，国家正在深入推进高水平的制度型开放，加快构建符合国际惯例的运行规则和制度体系，涉及关税贸易政策、投资管理体制、金融市场开放等多个领域。

二、行业工作的重点方向

"十四五"时期，纺织行业的战略重心逐渐转移，不再单纯聚焦于数量的增长，而是注重产业品质的优化与内涵式发展的拓宽。为实现行业的变革与创新，我们应将提升产业质量和丰富内涵视为关键行动点和突破口。行业服务将聚焦于科技、时尚、绿色三大方向，致力于提升产业的三大核心能力。

（一）提升核心创新能力

产教融合是重要的发展趋势，应着手构建依托于大数据技术、智能算法及工业互联网框架下的智慧生产新范式与产业生态体系，加速推动互联化生产与定制化服务的深度融合，进而塑造出高度智能化、动态适应性强的供应链网络，以适应并引领制造业的转型升级。首先是融合创新，需要促进跨产业链和跨领域的协同共进，围绕纤维新材料的研发、环保纺织生产技术的革新、高端纺织制成品设计的精细化与性能优化，加速推动纺织行业智能制造技术创新与实践。其次是科技成果的转化，要在搭建成果展示与交易平台的基础上完善建立科技创新、专利保护及标准支持机制。最后是中国时尚产业的发展，重视品牌培育，实施品牌价值评估，建立流行趋势研究与发布平台，引入人工智能进行时尚设计。

（二）提升持续发展能力

针对国内生产力布局的优化策略，要积极构建科学合理的生产力分布格局，并催生区域间协同发展的驱动力，避免新兴领域内重复建设项目。针对产业安全生态方面的举措，需精准把握国内产业发展与国际布局间的动态平衡，以有效预防产业空心化风险提前出现。同时，为增强供应链的韧性与多样性，应确保原材料供应的稳定性与可控性，从而夯实产业链与供应链的整体稳固性与竞争力。在履行社会责任和推动绿色发展方面，应丰富行业社会责任的实践工具和方法，实施产品全生命周期管理，并大力发展循环经济。

（三）提升资源配置能力

不断加强产业界与金融领域的融合协作，提升企业与资本市场的紧密对接以及运用资产证券化等多元化金融工具的能力。在提升产业集中度层面，倡导企业通过并购整合与战略联盟的方式，旨在孵化出若干在全球舞台上具备强劲竞争力的纺织服装行业领军企业。此外，为构建世界级先进产业集群，需集中力量打造具备国际竞争优势的数字产业高地、先进制造业集群及时尚产业生态圈，以推动产业整体向更高层次迈进。

第三节　我国纺织类本科人才培养趋势

一、纺织类人才培养的历史回顾

纺织特色高等教育机构的创立起源于工业革命浪潮中的西方国家，源于纺织行业对工艺技术持续革新、机械设备不断升级及专业人才全面培养的迫切需求。经过一个多世纪的历史洗礼与沉淀，这些学府已构建起坚实的学术根基。在全球范围内审视，随着科学技术的飞速发展与纺织工业的繁荣昌盛，纺织特色高等教育机构经历了从初步确立到日益壮大，并最终迈向多学科交叉融合、综合性教育机构转型的演进道路。

从发展历史看，农业生产出现后，纺织生产随之兴起。自18世纪60年代起，西方迎来了首次工业革命，在此次变革中，工厂制度逐渐取代了传统的手工业制造，机器自动化逐渐替代了人力劳动，从而极大地推动了纺织业的迅猛发展。

自19世纪50年代起，随着工业革命浪潮的席卷，众多技术领域与产业格局经历了颠覆性的变革。纺织行业迎来了千载难逢的发展机遇，同时也面临着前所未有的严峻挑战。为了适应这一形势，纺织技术教育逐渐兴起，为行业的快速发展提供了有力的人才支撑。纺织技术与产业的革新步伐不断加快，为全球纺织行业的繁荣兴盛注入了强劲动力。纺织技术课程最早在英国哈德斯菲尔德市开设。随后，曼彻斯特机械学院经过发展，逐步转型并深化为曼彻斯特大学内一个专注于纺织工程研究的学院。随后，众多享誉纺织教育领域的顶尖学府，诸如美国的佐治亚理工学院与费城纺织科技学院、英国的利兹大学、法国的里昂纺织高等学院，以及德国的亚琛工业大学与斯图加特大学、日本的东京工业大学等，纷纷增设了纺织相关专业。随着纺织工业化生产的推进，技术不断进步，工艺和品种也日益复杂化。这种发展趋势催生了对技术人员和管理人员的大量需求，进而逐步形成了包括化学纤维、纺织材料、纺织工程、针织工程、染整工程、服装工程以及纺织机械等在内的纺织主体学科体系。

进入20世纪50年代，随着科学技术的不断进步和产业的升级换代以及化学纤维和染整技术的演进，相关的专业设置逐渐向纤维高分子领域转变。由于科学技术的不断跃升与产业结构重塑，西方发达国家的全球纺织工业版图占比正逐步缩减。与此同时，化学纤维的制造技术与染整工艺领域取得了突破性成就，这些成就改变了高等教育体系中相关学科的专业布局，使学科焦点逐步向纤维高分子科学的探索与应用这一新兴领域转移。此转型过程不仅彰显了科技进步对纺织工业本身的深远改造力，还同步映射出其对教育体系尤其是专业设置方向的重要影响，进一步强化了科技进步跨领域影响的学术认知。这一趋势促使纺织特色高等学校向综合化方向发展，然而，这些学校的数量和培养的学生人数却在逐步减少。例如，美国高等教育体系正经历显著变革，日益凸显对通识教育的重视。将本科层次的纺织教育调整至研究生阶段或实际职场环境中进行，特别是在企业实践阶段深化。相应地，纯粹的纺织高等教育已变得相对稀缺。

在汲取欧美先进经验后，我国逐步踏上了构建具有纺织鲜明特色的高等教育体系之路。1897年浙江蚕学馆的创立不仅预示着中国纺织高等教育特色的萌

19

芽，也奠定了该领域教育创新与发展的坚实基础。截至1949年，中国不仅成功创建了十余所专注于纺织领域的高等学府，还在若干所综合性大学中增设了与纺织相关的系科。如南通学院、京师高等实业学堂、东北大学、北洋大学、河北工学院以及交通大学等。这些学校在规模、专业设置及学制上各具特色，但它们共同为中国纺织特色高等教育后续的蓬勃发展奠定了坚实的基础。[23]

（一）新中国成立初期

新中国成立初期，我国高等教育体系在构建过程中深受苏联教育模式的影响，迎来了高等教育快速发展的时期，通过学校的建立与合并、专业设置与课程体系的构建、学生规模与人才培养规模的扩大以及学校的发展与变革，为中国的纺织行业培养了大批专业人才，为行业的长远繁荣奠定了坚实的人才基础。在新中国成立之初，多所纺织类高等院校进行了整合与创建。1912年由著名实业先驱及教育家张謇先生创立私立南通大学纺织科系，历经变迁，现已发展成为南通大学纺织服装学院。1950年，诚孚纺织工业专科学校与上海纺织工学院（即华东纺织工学院，东华大学前身）实现了历史性的合并。合并后的高校整合了原来院校的资源，在各方面都展现出更大的优势，就课程体系方面而言，专业设置更加全面，如纺织工程、针织工程及染整工程等，涵盖纺织企业对不同专业人才的需求。又如山东纺织工学院，即青岛大学的前身，在新中国成立初期，已构建了更为丰富的专业体系，包括纺织工程、针织工艺、染色与整理技术等。与此同时，高等教育机构完善硬件设施的基础上，也加强对教学内容的深化与教学方式的改革，从教学规划到教学纲要，制订了一整套完善的教学体系，教学投入也更加丰富，教学体系更加健全。此时，学生规模也进一步扩大，招生人数显著上升。

（二）改革开放时期

截至1999年，我国已拥有23所特色鲜明的纺织高等院校（涵盖纺织类二级学院及系部），其中8所直接隶属于中国纺织总会（其前身为纺织工业部），包括已于1997年并入苏州大学的苏州丝绸工学院。此外，众多综合类及工科院校增设了服装设计与工程等相关专业。在此群体中，尤为突出的是华东纺织工学院，其以宏大的规模著称，紧随其后的是天津纺织工学院，这两所院校均构建了较为完备的专业体系。根据原中国纺织总会对直属的7所普通高校所做的统计数据显示，我国纺织类高校的学生规模持续扩大，全日制本专科生人数总计达到 2.5 万人。与此同时，非直属的具有纺织特色的高校在校生也超过了 3 万人。由此，我国纺织特色高等教育机构在全球范畴内，无论是数量、规模还是专业设置方面均名列前茅，而且与国内同类部属高校相比也显得尤为突出。客观地讲，这种专注于纺织领域的单科性高等教育培养模式，为我国纺织工业的快速发展培育了大量急需的专业人才，对我国成为世界纺织大国起到重要的推动作用。[24]

20 世纪 90 年代中期，随着我国市场经济体制的日益成熟与稳固化进程，国家经济体系逐步完成了由传统计划经济向现代市场经济的转型。在此过程中，市场经济的架构与规范体系逐步确立并持续优化，为我国经济发展注入了强劲的新动力。传统粗放的工业发展模式遭遇严峻挑战，特别是在纺织工业领域，科技进步的浪潮与落后产能的加速淘汰共同促成了行业生态的深刻重构。鉴于此，纺织企业被迫采取一系列适应性调整措施，如大规模减产、压缩纺织锭位等，这一系列举措虽优化了资源，却也不可避免地导致了部分企业陷入困境乃至破产，伴随而来的是大量纺织工人面临职业转型与再就业的严峻考验。纺织工业的整体低迷态势，间接波及纺织特色高等教育领域，主要表现在招生上，部分考生对报考纺织特色高等教育机构的态度趋于保守与审慎，反映出市场对该行业未来发展前景的某种程度上的不确定性与担忧。

到 20 世纪末，随着国务院机构与高等教育管理体系的深刻变革，我国迎来了自新中国成立以来的第二次高校体制与结构的战略性调整时期。党中央遵循"共建、调整、合作、合并"的核心理念，建立了一个由中央与省级政府共同参与，并以省级政府为主导的新型高等教育管理体制框架。在此轮改革浪潮中，众多原隶属于中央部委的行业性特色高校，因部委的调整或撤销，其管理权逐步转移至地方，转变为由教育部与地方政府共同管理，但以地方政府为主导的管理模式。除原中国纺织大学被直接纳入教育部管理体系外，其余均顺利过渡至地方政府管辖之下，实现了管理体制的深刻转型。

在管理体制改革与全国高等教育机构更名趋势的影响下，原隶属部委的纺织类高校大多摒弃了以往蕴含纺织、丝绸等特色标识的校名，并在其办学宗旨中明确了向综合型或多学科大学转型的办学目标，见表 1-5。在全球纺织业快速回暖的浪潮中，加之我国成功加入世界贸易组织（WTO）的积极效应，我国纺织业迎来又一轮的黄金发展期。在此期间，纺织类高校在综合化与多学科化道路上稳步前行，院校数量有所增加，纺织类相关专业与学科教学能力不断加强，办学规模持续扩大，教育质量亦得到显著提升。据统计，截至2008年4月1日，全国共有26所具备纺织特色的高校，其中包括7所原部属纺织高校以及19所设有纺织、服装相关院系的本科高校。

2010年5月，武汉纺织大学正式更名并揭牌，学校领导表示，作为全球纺织业的领军国家，中国在其中占据显著优势，而湖北是国内纺织产业的重要省份。对于这样一个至关重要的产业，若能有高等学府为其提供坚实支撑，无疑是值得肯定的。因此，纺织特色高校重新采用"纺织"之名，不仅有助于进一步凸显其教育特色，还能更好地服务于纺织工业的技术进步和产业升级。

表1-5 全国设有纺织类专业的主要本科院校分布情况

地域	学校名称	数量
北京市	北京服装学院（设立"服装艺术与工程学院""服饰艺术与工程学院""材料设计与工程学院""艺术设计学院"）	1
上海市	东华大学（设立"纺织学院""服装与艺术设计学院"） 上海工程技术大学（设立"纺织服装学院"） 上海视觉艺术学院（设立"时尚设计学院""设计学院"）	3
天津市	天津工业大学（设立"纺织科学与工程学院""材料科学与工程学院"）	1
重庆市	西南大学（设立"蚕桑纺织与生物质科学学院"）	1
安徽省	安徽工程大学（设立"纺织服装学院""材料科学与工程学院""设计学院"） 安徽农业大学（设立"材料与化学学院"）	2
辽宁省	大连工业大学（设立"纺织与材料工程学院""服装学院""艺术设计学院"） 辽东学院（设立"纺织服装学院"） 大连艺术学院（设立"服装学院""艺术设计学院"）	3
山东省	青岛大学（设立"纺织服装学院""材料科学与工程学院"） 山东理工大学（设立"鲁泰纺织服装学院"） 德州学院（设立"纺织服装学院"） 山东工艺美术学院（设立"服装学院"） 烟台南山学院（设立"纺织与服装学院"）	5
河北省	河北科技大学（设立"纺织与服装学院"） 河北美术学院（设立"设计学院""造型艺术学院"） 唐山学院（设立"时尚设计系""艺术系""新材料与化学工程学院"）	3

续表

地域	学校名称	数量
河南省	中原工学院（设立"智能纺织与织物电子学院"） 河南工程学院（设立"服装学院""纺织工程学院""化工与印染工程学院"） 河南科技学院（设立"服装学院"）	3
湖南省	湖南工程学院（设立"纺织服装学院"）	1
广东省	五邑大学（设立"纺织科学与工程学院""艺术与设计学院"） 惠州学院（设立"服装学院"）	2
广西壮族自治区	广西科技大学（设立"生物与化学工程学院"）	1
吉林省	长春工业大学（设立"纺织与服装学院"） 吉林工程技术师范学院（设立"艺术与设计学院"）	2
浙江省	浙江理工大学［设立"材料科学与工程学院""服装学院""纺织科学与工程学院（国际丝绸学院）"］ 嘉兴大学（设立"材料与纺织工程学院""设计学院"） 绍兴文理学院（设立"纺织科学与工程学院"） 绍兴文理学院元培学院（设立"纺织服装与艺术设计分院"） 嘉兴南湖学院（设立"时尚设计学院""新材料工程学院"） 宁波大学昂热大学联合学院［设立"服装与服饰设计系（中法合作）"］ 温州大学（设立"美术与设计学院"） 浙江科技大学（设立"艺术设计与服装学院"）	8
江苏省	苏州大学（设立"纺织与服装工程学院""艺术学院"） 江南大学（设立"纺织科学与工程学院""设计学院"） 南通大学［设立"纺织服装学院（高端纺织研究院合署）"］ 常熟理工学院（设立"纺织服装与设计学院"） 盐城工学院（设立"纺织服装学院""设计艺术学院"） 南通大学杏林学院（设立"工学部—纺织服装系"）	6
江西省	江西服装学院（设立"服装设计学院""艺术设计学院""服装工程学院"） 南昌大学共青学院（设立"艺术与设计系"）	2
福建省	泉州师范学院（设立"纺织与服装学院"） 闽江学院（设立"服装与艺术工程学院"） 闽南理工学院（设立"服装与艺术设计学院"）	3
内蒙古自治区	内蒙古工业大学（设立"轻工与纺织学院""材料科学与工程学院"）	1
黑龙江省	齐齐哈尔大学（设立"美术与艺术设计学院""轻工与纺织学院"）	1

续表

地域	学校名称	数量
陕西省	西安工程大学（设立"纺织科学与工程学院""服装与艺术设计学院"） 陕西服装工程学院（设立"服装学院""艺术设计学院"）	2
四川省	四川大学（设立"轻工科学与工程学院"）	1
甘肃省	兰州理工大学（设立"机电工程学院"）	1
辽宁省	辽东学院（设立"纺织服装学院"）	1
山西省	太原理工大学（设立"轻纺工程学院"）	1
湖北省	武汉纺织大学（设立"纺织科学与工程学院""艺术与设计学院""服装学院"） 武汉设计工程学院（设立"公共艺术学院""时尚设计学院"）	2
新疆维吾尔自治区	新疆大学（设立"纺织与服装学院"） 塔里木大学（设立"机械电气工程学院"） 新疆科技学院（设立"化工与纺织工程学院"） 新疆工程学院（设立"文化艺术学院""化学与环境工程学院"）	4

数据来源：根据中国纺织服装教育学会网站"中国纺织服装教育学会第七届理事会会员单位"等材料整理。

（三）新时期

目前，我国已经构建了一个具有行业特色、国家水准，且各环节紧密相连、多元化的现代纺织服装教育体系。据统计，从教育的层次和布局来看，全国有290余所本科院校设立了纺织服装相关专业，共涵盖7个纺织服装相关的本科专业。其中，约70所院校设有硕士点，11所院校设有博士点。此外，还有3所高职本科院校提供3个高职本科专业，270余所高职专科院校提供18个纺织服装相关专业，以及900余所中职院校提供12个相关专业。目前，国内中职、高职、本科纺织服装类专业在校学生超过30万人，每年都有数十万的毕业生加入行业中，为行业的发展提供了坚实的人才支撑。从人才的学历结构来看，纺织服装行业已经形成了一个多层次的人才梯队。据初步统计，该行业直接就业人口超过2000万人，其中本科及以上学历占6%，高职高专学历占12.5%，中职学历约占23%，中职以下学历占58.5%。从国家重要的教育战略角度来看，2015年我国开始了纺织类专业工程教育认证工作，至今已有20个专业成功通过了认证。同时提出了"双一流"概念，有2所高校的纺织科学与工程学科被列入"双一流"建设学科名单。2019年,教育部启动了"双万计划"和"双高计划",鼓励和推动纺织服装相关院校和专业进行分类和特色发展,部分院校和专业已经入围这些计划。

二、纺织行业专业人才从业现状

中国的纺织工业是全球规模最大、产业链最为完整的产业,在保障全球纺织服装供应链的稳定运作中扮演着无可替代的角色。纺织业横跨了第一产业、第二产业及第三产业的全链条行业,展现出极高的产业间融合性与联动性,同时成为吸纳就业、缓解就业压力的重要平台与载体。依据第四次全国经济普查结果显示,截至2023年,纺织服装产业链上的总就业人数(涵盖生产制造、批发及零售等多个环节)已达到2000万之众,突出了纺织业在国民经济中的重要地位❶,服装领域,规模以上企业较多,大约为13609家。每100人中至少有10人从事与纺织相关的职业。[25]

(一)纺织行业从业人员数量下降

1. 部分岗位被自动化机械替代

随着智能制造技术的不断进步和在实际生产中的应用,纺织行业的自动化水平和生产效率预计将得到显著提升。这一发展趋势与中国制造业整体转型升级的战略方向相吻合,有助于推动纺织服装行业向更智能化、环保化的路径发展。然而,这种转型同时也对劳动力的技能要求更高,从而促进了劳动力结构的优化和提升产业工人的整体素质。近年来,工业机器人在生产中的深度融合应用已经成为企业降低运营成本的关键策略。尽管在推动生产效率显著提升及加速产业向高端转型的进程中,工业机器人的普及应用扮演了不可或缺的角色。然而,这一现象也不可避免地引发了就业市场结构的深刻变革,尤其是传统劳动密集型岗位数量的缩减。据统计,从2007年到2019年,中国纺织产业的就业人数已从1085.75万人锐减至693.49万人。以棉纺行业为例,2015年至2019年间,环锭纺纱技术的平均劳动力由每万锭需60名员工缩减至48名。化纤领域初步实现了"机器换人",即原料自动化供给系统所需的劳动力比传统人工操作削减了近六成,而生产效率却提升近两倍;

---

❶ 数据来源:关于中国制造业和批发零售业从业人员的数量统计。

智能落筒系统、智能落丝系统使得用工减少约50%，同时还减少约85%因人为操作不当引发的质量瑕疵；与此同时，通过引入智能清板系统，劳动力需求降低约50%，同时生产效率提高1.2倍。5G网络提供了多样化和高质量的通信覆盖，从而支持高度模块化和灵活性的生产系统。相较于传统的无线网络，5G网络在工厂环境中的应用展现出显著的优势，包括低延迟、能支持大规模的高密度连接、出色的可靠性，以及卓越的网络移动性管理。据预测，到2035年，得益于5G技术的推动，相关行业生产率将显著提升，其产值有望达到12万亿美元，占全球经济的重要份额，并将直接或间接创造2200万个就业机会。

2. **纺织类专业生源减少**

纺织教育事业自改革开放以后进入了快速发展阶段。然而，在20世纪90年代中期，纺织业遭遇了市场低迷，这一形势给纺织教育带来了严峻挑战。随后，国务院推出的纺织工业创新发展战略成为转折点，纺织工业及其产品结构实现了积极调整与优化，这一变革直接引领了行业对人才需求格局的重新塑造与升级。由于过去一段时间内人才流失和行业环境的逐步改善，管理技术岗位的空缺成为众多纺织企业亟须解决的问题，对高素质专业人才的需求日益迫切。由于过去几年纺织行业受到了一定程度的忽视，且其遗留的负面影响至今仍未消除。目前，众多教育机构依然缺乏推动纺织教育的动力。同时，由于不少纺织专业的毕业生对在纺织企业就业持保留态度，这使纺织职业培训的需求与供给之间存在显著的矛盾。

（二）纺织企业压力大

目前，纺织企业普遍承受着来自四个方面的压力：经济下滑、人力资源招聘、技术升级需求及环境保护规定。在中美经贸关系不确定性的大背景下，长期存在的产能过剩问题进一步加剧了小型企业的困境，如订单数量少、规模小、交货期紧迫，以及利润率低下等。同时，纺织企业还面临着人力资源的严峻挑战，难以吸引并留住年轻人才，导致用工难的问题越发突出。由于行业的低利润率，纺织企业在技术升级上也遇到不小的难度。此外，资源和环境的制约使企业运营成本不断上升，环保标准的提高更是给企业带来额外的经济负担。多种因素交织影响，导致许多纺织企业处于盈亏平衡的边缘，挣扎求生。

三、纺织类本科人才培养趋势
(一) 预测依据
1. 纺织产业国际国内形势

当前阶段，中国经济已步入高质量发展之路。为满足这一阶段的需求，重点在于增加高质量的供给，以实现供需之间的动态均衡。纺织服装业一直是中国的重要传统产业，具有显著优势，它在推动出口增长、提供就业机会及促进地区经济进步方面扮演了关键角色。中国现已成为全球领先的纺织品和服装生产与出口大国，然而，也逐渐暴露出发展不均衡和短板问题。在新的发展形势下，该行业在转型与升级的过程中面临了多方面的挑战。因此，站在新时代的视角下，需要深入思考如何通过产业转型升级与创新发展来应对这些挑战，并清晰地阐述产业发展的新方向和新策略。[26]

（1）我国纺织行业发展现状。第一，出口增速已放缓。自20世纪80年代以来，特别是自我国加入世界贸易组织之后，纺织品服装的出口增长速度显著超过全球平均水平，使中国在全球出口中的占比持续攀升，并成为美国的第一大服装供应国。与此同时，行业在全球市场的占有率亦显著提升，国际市场份额从13.80%上升至35.50%，尽管在2019年略有下降，同时也面临着来自越南、孟加拉国、印度和巴基斯坦等国的竞争压力，我国仍在多个纺织领域维持着其稳定的国际市场地位。[26]根据国际贸易中心（ITC）的数据库分析显示，中国在以下九个细分市场的国际市场份额仍呈现增长态势：羊毛及其面料、棉质产品、化学纤维、非织造布、地毯、刺绣品、工业用纺织品和针织面料，以及蚕和其他植物纤维。

第二，劳动力成本及其生产率的变化。近十年来，中国服装行业的年均工资增长率分别达到8.3%和7.8%，这一增长率已经超过全球制造业的7.3%和6.8%的平均水平。随着技术的持续革新和飞跃，纺织行业的劳动生产率反而以年均12.3%的速度稳步提升，这一增长率位居中国制造业之首。尽管中国纺织业的薪资基准较越南高出近两倍（具体为1.9倍），但劳动生产率却是越南的四倍之多。这一显著的生产效率优势，实际上促使中国纺织业在相对工资成本上较越南低43个百分点，这一发现无疑为中国纺织工业在国际竞争舞台上持续保持并增强竞争力提供了强有力的支撑。

第三，全球供应链变革。近年来，为了减轻对中国市场的采购依赖性，国际时尚界，尤其是以美国为首的时装品牌与零售商群体，开始实施多元化供应链布局策略，并灵活应对新兴市场日益增长的消费需求。这一战略转型间接促进了中国纺织与服装产业的部分产能向外转移。特别是美国对中国纺织品及服装实施加税措施，进一步加速了生产链中特定环节的全球再配置。比如，皮革配饰与帽类产品的生产迅速转移至他国，与此同时，柬埔寨、印尼、越南及孟加拉国等国家共同分割了部分产品市场份额，而中高端领域则部分转向意大利等地。尽管如此，中国在全球纺织服装供应链中依旧稳坐核心地位。[26]这一稳固性源于两大核心因素：首先，尽管美国扩大了从多国进口纺织品与服装的规模，但平均单价均出现了上扬，这反映出这些国家在产能效率及成本控制上相较于中国尚存差距，加之原材料采购成本居高不下，使它们难以在短时间内全面取代中国在全球供应链中的核心地位；其次，尽管面向传统贸易伙伴的出口面临诸多挑战，但中国与"一带一路"倡议共建国家的贸易合作却展现出强劲的活力，为中国纺织服装业开辟了新的增长路径。据不完全统计，同期中国纺织业的投资总额已接近全球纺织业投资总额，占据了纺织业投资总额的80%以上。

第四，缺少高附加值产品。尽管当前高附加值产品相对不多，然而，内需市场的持续扩大及技术的不断进步，正成为推动产业价值链升级的强大动力。随着国内消费市场需求的持续升级与新兴科学技术的广泛应用，中国纺织服装产业的价值链条有逐渐向高层次迈进的积极趋势。消费者对产品个性化与多元化的迫切需求正驱动着纺织品服装供应链经历深刻的数字化转型变革。这些新模式不仅有利于实现精准的库存控制，还能有效提升产品的销售能力。另外，纺织服装产业正积极向产业链的上游延伸，并逐步实现结构的优化与升级，参与更高层次的市场竞争。举例来说，我国在中高档染色织物的出口市场占有率上已位居全球首位，同时，中高档织物，如高强涤纶纱和特种纺织品的出口单价也在稳步提升。

（2）我国纺织服装产业发展面临的新机遇。首先，新的经贸形势。当前，全球经济复苏显得力不从心，国际贸易间的摩擦亦是接连不断。2023年，全球纺织品和服装行业面临多重挑战，包括全球经济增长放缓、消费者购买力下降、供应链中断等。随着全球产业架构的显著重构与国际贸易摩擦的日益激化，我国纺织服装产业在全球经济版图中的位置正面临新的挑战与重塑。一方面，由于要素成本效益的逐步显现，东南亚、南亚、非洲等发展中国家和地区的纺织服装业正在迅速发展，在一定程度上分走了一部分中低端市场；另一方面，自2018年起，贸易摩擦导致的全球贸易争端对全球纺织品服装贸易产生较大影响。

其次，新的技术形势。技术层面的革新与创造在纺织工业未来的发展过程中将占据无可替代的地位，并构成产业转型升级不可或缺的战略支撑。通过持续的技术创新，方能使纺织工业迈向更加高端、智能化的发展阶段。目前，智能化已广泛应用在多个场景，实现了服装设计数字化、个性化产品展示、虚拟试衣、市场需求实时预测及智能化供应链管理等诸多功能。此外，网络购物、直播销售等新型商业模式也展现出强劲的势头，改变着传统纺织服装行业的销售渠道。与此同时，生物技术、新材料科技及3D打印等先进技术的应用，正在逐步改变传统生产制造方式。综上所述，鉴于当前技术迭代与产业重构的宏大图景，纺织与服装产业亟待深度融合经济发展脉动，主动拥抱前沿科技革新，强化跨行业协作机制，促进产业链条的全方位渗透与整合。此举精准对接社会变迁中新兴需求的多元化特征，确保产业在转型升级的浪潮中保持竞争力与适应性。

在纺织和服装领域，这一矛盾体现为消费者对纺织品及服装的多元化和升级需求与行业发展现状之间的不匹配。随着中国4亿多中等收入群体的崛起，他们对服装和纺织品的消费需求日益精细化，不仅关注产品的预期寿命、环保技术转型，还追求时尚、个性化及品种的丰富性。纺织品和服装作为文化的直观载体，其在展示和传播中华优秀传统文化方面的重要性不容忽视。然而，长期以来，在文化传承与创新方面的表现一直是中国纺织服装业的短板。因此，纺织服装领域需深刻挖掘产品的文化底蕴，将优秀传统文化精髓与现代时尚潮流巧妙结合，打造属于国人的品牌。此举不仅迎合了消费者对高品质生活的追求，更促使纺织服装成为构筑中国文化自信版图中的关键力量与展示窗口。

2. 第四次科技革命带给纺织产业的深刻变革

自21世纪之初以来，一场由人工智能、大数据处理、物联网技术及云计算等前沿科技引领的新技术革命与产业转型浪潮，在全球范围内蓬勃兴起，这些关键技术正逐步成为重塑全球竞争格局与推动经济社会发展的新核心引擎，[27]

这些技术正推动着制造业与工业生产组织方式朝着智能定制生产的方向深刻转变。而第四次技术革命以人工智能、大数据、物联网及5G通信等新兴技术为代表，将对纺织业产生广泛而深远的影响，从生产流程到销售策略，再到消费体验，都将迎来深刻的变革。这些变革无疑将为纺织工业带来新的成长契机与考验。[28]产业变革趋势如下。

一是新材料与新技术的研发。随着第四次技术革命的到来，为纺织工业带来了发展新材料与新技术的机遇。例如，纳米技术在纤维和织物的研发方面有较大的发挥空间，可以研发具有特殊功能的纤维和织物；生物技术的应用，大大拓展了新型纤维材料的研发的可能性；而3D打印技术在生产流程上大有用武之地，不仅能缩短制作周期，还能提高制作效率。这些前沿科技的应用，加速了纺织工业的发展进程，为纺织纤维和织物增加了新的应用领域，更为提升了产品的附加值。二是可持续发展与环保生产。为了响应"双碳"目标，纺织业在转型升级的过程中，树立循环经济理念，通过改变生产方式，使用清洁能源，节能减排技术，不断提升工艺技术，坚定走可持续发展与环境友好型发展道路。此外，随着可持续发展理念的普及和推广，可再生和可降解的环保材料逐渐受到市场的欢迎，成为纺织行业领域新的增长点。三是智能化生产与个性化定制。随着人工智能的普及与应用，纺织企业迎来了智能化生产，从自动化设备操控、到生产计划调整再到产品质量的监控，这些应用可以很大程度提升生产效率，减少劳动力，降低用劳动力费用支出。此外，通过纺织大脑等大数据的应用，能够让企业实时掌握客户信息，分析客户需求，有助于开发精准客户，提供个性化的需求。四是供应链管理优化。大数据技术与物联网在供应链管理中有着广泛应用，可以不断优化管理供应链，让供应链的各个关键环节的实时监控成为现实，这个监控可以追踪到原材料采购、生产流程的以及物流配送的每一个环节借助物联网技术，企业可以精准掌握库存情况，有效管理库存，避免库存积压和资料浪费，进一步提升资金使用；此外，通过大数据对供应链的数据分析，可以优化企业运营管理，规避企业经营风险，有效提升企业的运营能力。五是销售模式与消费者体验的创新。随着消费市场的升级，新型的销售模式正在改变着传统行业的销售方式，如社区电商、直播带货、跨界融合等销售模式不断应用，让纺织行业焕发新的活力，通过创新消费模式给消费者带来新的消费体验。与此同时，虚拟现实（VR）技术和增强现实（AR）技术的应用正在改变着人们的生活方式，顾客不再需要跑到商场挑选产品就能买到称心如意的商品，也大大降低了电商渠道中因尺寸款式不符而带来的退货率。

（二）预测结论

1. 培养目标

《统筹推进世界一流大学和一流学科建设总体方案》中强调，高校要坚持以立德树人为根本，要突出人才培养的核心地位，培育具有家国情怀和社会责任感，以及卓越的创新能力与实践智慧的多元化人才群体，涵盖创新型、应用型及复合型人才。[29]应用型人才主要强调应用能力，注重提升学生将所学专业知识和技能应用在实践中的能力，这些学生离开高校走向社会时，可以尽快掌握生产实践技能，更快适应一线生产的技术或专业岗位；[30]换而言之，应用型人才能够理论联系实际，在实践场景中使用能力更强，更适合从事一线专业岗位[31]创新型人才主要强调创新思维和创造能力，注重培养创新能力，他们突破常规，运用丰富的想象力与专业知识，将创意应用到实际生产中，带来新的产品或者工艺。复合型人才是拥有丰富的知识面，多学科交叉学习背景，能够将所学知识应用到实践生活，解决复杂问题的全能型人才。[32]

在经济转型与持续发展的推动下，创造性要素对经济增长的贡献率已显著提高。不仅要求人才拥有坚实且全面的基础知识、掌握精湛的专业技能，还需要具备将知识灵活应用于创新活动的能力，以及优秀的人格与综合素质。应用型、创新型和复合型人才正是在这一时代背景下应运而生。其一，这三类人才既能够深入探究社会发展，也注重个人成长与发展，他们的工作成果都是具有生产性的，且价值相当。其二，随着学科的融合与职业的交叉渗透，这三类人才都需具备深厚的知识储备。紧接着，在知识迅速更新和技术不断进步的环境中，社会各界对创造性人才的需求急剧上升，创新已成为培养人才的核心特征和共同追求。所以文化的核心理念、主要内容和实施措施都是相互关联的。为了顺应新的发展趋势，纺织行业的人才培养应融合应用型、复合型和创新型的特点，形成有机的整体。

随着经济的发展，创造性要素在经济增长中的重要性越来越显现。这对人才提出了更高的要求，不仅要有丰富的知识，扎实的专业技能，还要有良好的创新能力及综合能力。应用型、创新型和复合型人才正是迎合这一时代要求而形成的人才培养目标。这主要从以下三方面考虑,其一,这三种类型的人才都能在发展自我的同时聚焦社会发展问题,从而助推社会的发展,不同的人才类型对社会的发展都发挥着各自的价值。其二,学科交叉或者跨专业的学习为三类人才都打下了扎实的基础。紧接着,随着社会对创造性人才需求的扩大,具有创新思维和能力已成为人才培养中重要的培养目标。所以高校人才培养中,应用型、复合型、创新型人才的培养应有机结合,互为整体。

2. 培养理念

新工科理念是为适应新一轮科技革命与产业变革而提出的高等工程教育改革理念,强调以学生为中心,培养具有创新能力、实践能力和跨学科素养的复合型工程科技人才,以满足新时代国家和社会对工程教育的新需求。当今世界来讲,谁拥有自主创新能力,谁就能占领新兴领域的发展优势,《中国制造2025》应运而生,以此进一步并深化创新驱动的发展战略。所以在公共卫生安全、养老健康、环境保护与治理、人工智能、新材料和新能源等一系列关键领域,必将涌现出众多新兴行业和产业,同时也将促使一批传统产业实现转型升级。从产业链来看,这些新兴产业与纺织科技和产业的紧密相连,纺织产业也将迎来新的市场,当然,为了适应和满足这些新的市场需求,纺织产业也将随之转型升级,这对纺织高等教育提出了新的要求。高校人才培养模式也将随着产业结构调整的方向而随之变化,为此,2017年,教育部发布《关于加快建设发展新工科实施卓越工程师教育培养计划2.0的意见》。文件指出,为了应对新技术的升级及广泛应用,高校通过改变人才培养理念,创新人才培养模式,调整教学结构,从而培养适应时代发展和产业升级的复合型人才。

新工科倡导产业与教育的深度融合,将最新的产业技术融入教育,学生了解前沿发展趋势,从而在步入社会时有更好的适应能力,满足职业发展的需求,进而推动国家发展战略和工业发展要求。《关于加快建设发展新工科实施卓越工程师教育培养计划2.0的意见》颁布以来,各地高校积极响应,开启探索新工科卓越人才的培养发展之路。[33]经过一段时间的积累,一些学校已探索出自己的特色品牌如"复旦共识""天大行动""北京指南"等,这为我国培养新工科人才奠定了良好的基础,为在全国推广新工科人才培养理念提供了样板。[34]培养"新工科"人才是我国为应对新一轮技术革命、产业转型及新经济需求而提出的一大重要的教育改革举措,丰富了工程教育内容,从在纺织行业来讲，培养"新工科"人才能够为纺织工业的现代化和结构调整输送更多能够解决复杂问题的工程人才。[35]

OBE 即成果导向教育理念是在 1981 年由美国教育学家威廉·斯派蒂提出，这一理念的提出丰富了工科人才培养理念，拓宽了新的人才培养模式。该理念创新性体现在三个层面，一是顶层逻辑层面要求以学生最终能够达到的学习成果为核心，是一种目标导向、注重实际成的教育理念。二是实施路径层面倡导教学与实践的结合，主张围绕教学对象和教学目标，在课程理论教学中的各个环节中增加实践操作，具体表现在实验操作、实践活动及实习等各环节。三是评价体系层面要求建立以结果为导向的评价体系，它强调注重对学生能力的培养，并推动教学模式。

从以教师为中心向以学生为中心转变。这标志着教学方法将从传统的以课程内容为基础，转变为以学生产出需求为导向的新模式。在纺织类人才培养中融入 OBE 理念，依据期望的实践教学成效来确立培养目标，从纺织品设计实验课程、专业实操到课外实践活动等多方面切入，以实现既定的学习目标。在 OBE 理念中，学生的成果是指引，学生是中心，持续改进是其核心原则。这与传统教学中以教学内容为主导，且先于培养目标确定的情况截然不同。在 OBE 理念下，首要步骤是设定学生预期的学习成果，随后依据这一目标来精心设计教学内容。在培养路径上，采用反向设计的策略，即首先预设实践教学所要达成的成果，具体为学生应熟练掌握纺织品设计与分析的基本技能。同时培育其实践和创新能力，使其能以市场需求为指引，设计出既符合大众审美又受消费者欢迎的产品。此外，随着学生专业实践的深入，他们的创新能力和创新意识也会得到持续提升。[36]

"协同育人"这一理念的形成与演进，根植于高等教育研究中的"协同教育"与"合作式教育"等思想的发展而演变。随着我国高等教育发展战略的不断调整[37]、教育体制的逐步完善、学生人数的稳定增长，以及师资队伍与物质资源的日益充实，加之外部环境对人才需求的持续变化，"协同育人"在每个阶段都被赋予了新的意义，并在实践中取得各异的成果。学者们基于多样化的学科背景、广泛覆盖的高等教育机构，以及各具特色的地域发展框架，对协同教育模式进行了深入研究。同时，学者们也开始积极探索多样化的协同育人方式与途径。在这一阶段，基于学科专业化的发展趋势，以及选派优秀学生出国留学和访学成为协同育人发展的主导方向。21世纪以来，由于高等院校规模不断扩张、社会对人才需求不断凸显等因素，使协同育人机制得到快速发展，校际、校企、校所乃至中外之间的联合培养实践活动在规模和类型上都呈现出不断增长的态势。

产教融合理念是指产业与教育的深度融合，通过两者紧密的协作，将教育链、人才链与产业链相连起来。其内在逻辑是需要学校与行业中的企业协同育人，以达到培养扎实的理论功底且兼具熟练的操作技能的人才。从目前看，产教融合的方式有以下几种：其一，学校与企业需联合制订人才培养计划、课程设置及教学方案，以确保教育内容与市场需求的高度契合等。高校与企业联合培养人才，即企业深度参与高校的人才培养方案制订，从人才培养的目标、课程体系、培养模式等方面与产业同步，以适应市场对人才的需求。其二，突出理论与实践相结合，即将实践操作融入理论教学的每个环节，包括课程实验、实践实训、毕业实习等操作环节。再次，校企合作可以整合双方资源，高校可以利用企业先进的设备、技术来提升实践教学条件，而企业则可以利用高校的人才资源来改进生产流程，扩充人力资源储备。紧接着，在创新方面，校企双方通过项目合作、技术攻关、专利转让方式，加速科研成果落地，技术转化，从而助推产业升级。

3. 培养模式

（1）卓越工程师培养是一项旨在培养具有创新能力、实践能力和国际竞争力的高素质工程技术人才的教育计划。在我国产业结构的不断转型升级以及供给侧结构性改革的推进的背景下，传统纺织工业通过技术更新和智能技术的应用来助推产业的转型升级，在现代科技要素的加持下，现代纺织业得到了快速升级。为适应并服务于新一轮的产业革命，教育部已经提出卓越工程师教育培养计划2.0以及"新工科"建设等一系列重大教育改革举措，从而指引高校将人才培养目的定位到培养具备高素质工程实践能力且具有卓越创新思维的工程技术人才。"卓越工程师培养计划"自2010年6月启动起来，为社会培养了大批能够适应社会发展和产业需要的高素质技术人才。[38]

（2）拔尖创新人才是一种以培养高素质创新人才为目的的育人机制，将优质的教育资源包括优质的师资和硬件条件，开展小班化、个性化的教学，提升学生的创新思维和实践能力。拔尖创新人才培养一般于高中或大学阶段开始，选拔具有扎实的学习功底和创新能力的学生组成创新班,通过集训或者单独授课的方式,教授更为高阶更为前沿的知识。"拔尖创新人才实验班"对人才培养是全方位的,在掌握基础知识的前提下,不仅要求学生拓展跨学科内容,提升学生的学术能力,同时还注重培养学生的创新思维及团队协作和自主探究学习能力。在这样的实验班里,学生将接触到更加前沿的学科知识,参与到科研项目或实践活动中,以培养他们独立解决问题的能力。同时,实验班开展项目驱动教学,引导学生进行交流与合作,通过集体讨论、团队合作等方式完成小组任务,提升学生的团队协作能力。"拔尖创新人才实验班"突出学生的个性化培养,通过学生的特点和优势,制定个性化的培养方案,提供个性化教学,进一步挖掘学生的潜力。[39]这种教育模式能够培养更多具有创新能力的拔尖人才,不断为社会输送创新人才。

(3)书院制人才培养是以培养学生的全面发展为目标的人才培养模式,该模式注重培养学生的自主学习能力、团结协作能力,在书院制人才培养中,在掌握理论知识的同时,更注重学生的道德品质与人文素养的提升。该模式是以德智体美劳全面发展的为目标,在第一课堂的基础上,通过不同专业的学生融合住在同一个书院,在第二、第三课堂中,以书院制为单位组织开展,通过座谈会、交流会、研讨会、项目合作等丰富形式,不仅有利于不同专业学生之间的沟通交流,同时也注重培养塑造优秀的品德。在书院制人才培养中,可以挖掘学生的兴趣,开展职业探索,做好个人职业规划。在当今的高等教育领域,书院制人才培养模式逐渐被人关注,可以有效破解传统课堂教学的局限性,能够为学生提供更为多样化、更多不同职业选择的学习体验。书院制人才培养模式可以帮助学生可以更好地认识自己、发掘自己的潜力,创造不同的可能性。

(4)国际化人才培养是为了应对经济全球化视域下的现代教育发展的一个重要趋势,通过引入国际教学资源,在办学理念、教学方法、教学资源等全方位的对接,培养具有国际视野和精通国际文化与交流的人才的模式。这种办学模式不仅体现了我国教育逐渐走向国际,与国际社会接轨,也凸显了在人才培养过程中对人才的全面发展的定位与走向。通常高校积极开展与海外高校的交流合作来开展国际化人才的培养,一方面可以整合国内外的教学资源,另一方面可以将国际上最新的最先进的教学模式引入国内,通过交换学习、合作项目等形式丰富的交流机会,促进本校学生开阔眼界,不断拓宽知识面。此外,与国际高校合作建立海外实习基地，引导学生参与国际志愿服务项目也是常见的国际化人才培养的模式，这对于提升学生的国际化视野和实践能力也大有裨益。这种人才培养不仅丰富了国内的人才培养模式，为国家经济和社会发展奠定了坚实的人才基础，与此同时，国际化人才培养中也有助于我国传统文化的传播，提升我国的教育影响力，进一步促进教育强国战略的实施和落地。

第二章 纺织类本科人才培养现状

第一节 国内外高校纺织类本科人才培养的差异化

一、差异表现

在不同的历史条件、文化传统和经济发展水平背景下,形成了不同的教育内在逻辑和生成规律。国内外纺织服装教育各有千秋,这些差异主要体现在以下几个方面[40-50]。

(一)国内教育体系完整,国外不完整

中国纺织服装教育具有"中职—高职专科—高职本科—普通本科—硕士—博士"的完整育人体系。国内纺织产业的基础很好,围绕产业链建设专业链,专业设置涵盖材料、加工、染色整理、生产设计、产品检测、纺织经贸等产业链各个环节,配备了完善的配套教材、课程体系,并制定了明确的教学标准、人才培养质量标准以及顶岗实习标准等。国外发达国家纺织基础产业萎缩严重,没有完整的纺织服装教育体系,当前多朝着高技术纺织领域发展,如纳米科学、纤维材料科学、染料化学及颜色科学、纺织材料结构等。

(二)国内注重课程建设,国外注重学科建设

国内专业设置上更注重"核心+主干"的专业课程体系,不太注重学科属性,通识课程相对较少,学生较好地掌握了某一职业领域所需要的技能,但职业迁移能力相对较弱。国外在专业设置上呈现出明确的学科属性,并高度重视通识教育,如纺织工程类或服装设计类专业基础课程体系完整且全面,涵盖了所有相关的知识分支。

(三)国内注重模块化,国外注重系统化

国内多数高校在工程训练课程体系上采用模块化教学,具体分为工程认知课程、工程基础课程、工程拓展课程以及工程创新课程等多个模块。然而,这些课程体系在工程问题的系统性教学指导方面涉及相对偏少。相比之下,国外则更倾向于采用基于工程过程的"CDIO"层阶式教学模式。该模式紧密围绕"构思（conceive）、设计（design）、实现（implement）和运作（operate）"这一完整的工程过程，以产品研发至产品运行的全生命周期为载体，逐步增大教学难度和广度。这种教学方式有助于学生建立起完整的工程系统性思维，并稳步提升了他们解决工程问题的能力。

二、原因分析

当前行业人才培养的供给端与产业需求端的对接，在结构布局、质量标准以及发展水平等多个维度上，仍呈现出一定的不匹配现象，这种不匹配性阻碍了双方的有效契合与协同发展，本质上是行业人才培养体系建设与产业需求相脱节，甚至发展滞后，难以适应和满足产业当前和未来发展的人才需要。

（一）学科建设相对滞后

我国目前的纺织服装相关学科建设未能紧密结合纺织工业发展，学科知识逻辑以传统知识为主，且知识结构相对单一，在评估这些学科的实力与水平时，仍以论文产出量与质量作为重要指标，尤其关注研究成果对国际学术界的贡献度、在国际交流平台上的影响力及声誉累积；学科建设的推进过程中未能坚持问题导向的原则，因此在满足经济社会发展和纺织产业需求方面存在明显不足。然而，当下纺织产业发展呈现数字化和智能化，迫切需要具有创新意识、较强工程实践能力、交叉融合能力和跨界整合能力的多元化、复合型新时代纺织人才。这就要求纺织学科建设在重视知识逻辑的同时，坚持问题导向，确保学科发展能够紧密对接经济社会发展的实际需求。为此，需不断创新研究方法，强化问题解决能力，以拓展学科研究的深度与广度。同时，为完善方法论体系并促进学科间的深度融合，需积极探索"跨领域""跨界别"乃至"跨学科"的研究路径。

（二）校企合作深度不够

我国校企合作普遍缺乏深入的融合，学校往往视校企合作为教学的辅助手段或实践环节之一，其合作形式主要局限于邀请企业专家举办讲座、安排学生企业实习等，且合作的焦点集中在培养结果，即就业阶段的合作，而非深入整个培养过程中。企业在校企合作中的投入也仅停留在提供实习岗位或捐赠教学设施等较浅层面，在核心领域如培养目标设定、专业教学标准制定、实训基地构建、课程内容创新、实践教学体系完善以及人才培养与评估机制建设等方面，当前合作尚显不足，缺乏深层次的协同与整合。[51]这一现状的根源主要在于缺乏具体的配套法律法规和政策的支持，导致校企合作的实施可操作性不强。政府层面尚未建立专门性的协调机构，对校企合作项目进行设计、监督、考核；同时，企业在参与校企合作方面所享受的财政和税收优惠政策极为有限，缺乏足够的利益驱动，导致企业参与校企合作的动力和热情显得不足。

（三）社会化培训体系薄弱

培训服务供给主体方面，以行业企业培训机构和学校的继续教育学院为主，其地域分布与纺织工业布局、纺织服装人才培养体系的现状、地区经济发展水平紧密相连，表现为主要集中在东南地区。据调查，培训服务供给数量方面，59%的受访者仅接受过一次在职技能培训，超过60%的受访者认为自己所接受的在职培训数量远远不够。培训服务供给质量方面，很多企业培训停留在表面，培训技术含量低，行业社会化培训普遍面临培训内容系统性不足及培训绩效评估体系不完善等多重问题。造成这一现象的原因是企业对员工培训体系构建的重视程度不足，很难针对性地投入更多的资金项目，教育经费缺乏保障和监督。院校社招方面，受企业生产任务的影响，上课正常化难以实现。

（四）"双师型"教师队伍建设有待加强

自高等教育发展以来，我国职业教育领域在师资培育与培训体系构建方面取得了瞩目成就，教师管理架构不断完善，教师的社会地位及薪酬待遇稳步上升，教师队伍的整体素质与能力显著增强，为职业教育的深化改革与创新发展奠定了坚实的人才基础。然而，面对新时代国家职业教育改革的更高标准与行业技术技能人才培育的迫切需求，职业教育师资队伍仍面临一系列严峻挑战，具体包括数量不足、来源渠道单一、实践技能水平偏低以及结构性矛盾凸显等。这些问题的根源在于校企管理体制机制缺乏灵活性，导致人员双向交流渠道不畅，加之"双师型"人才及其教学团队的稀缺，即能够同时胜任理论教学与实践指导的复合型教师资源不足，这些因素共同构成了职业教育深化改革与持续发展的现实阻力。[52]

第二节　国内不同层次高校纺织类本科人才培养的差异化

一、差异表现

国内不同层次高校在纺织本科人才培养方面存在一定的差异，这些差异主要体现在培养目标、出口口径、就业层次及培养模式等方面，使得不同高校培养出的纺织本科人才具有不同的特点和优势，能够满足不同领域和行业对于纺织人才的需求。

（一）培养目标

各高校因层次不同，纺织本科人才的培养目标也不同。一些高校注重培养具有纺织工程领域知识、能力和素质的应用型高级专门人才，这些人才能够适应纺织学科与其他学科的融合发展趋势，并能在纺织领域从事技术开发、设计、生产、质量控制、商务贸易和科学研究等工作。而另一些高校则更注重培养具有人文素养和社会责任感，系统掌握纺织工程领域专业知识和实践应用方法，具有创新意识和国际视野的高素质创新人才。

（二）出口口径

在人才培养出口口径上，不同层次的高校也有所不同。如以东华大学为代表的国际化办学水平较高的学校，该校服装与艺术设计学院的合作院校包括诸如巴黎国际时装艺术学院等在全球艺术教育领域内蜚声国际、稳居世界顶尖行列的艺术学府。而东华大学的本科生设计佳作，更是凭借卓越品质与世界顶级时装品牌如香奈儿（CHANEL）、阿玛尼（ARMANI）、芬迪（FENDI）等并肩，共同闪耀于国际时装展览的璀璨舞台之上，展现了非凡的创意与实力。[53] 较多学生具有较好的国际视野与竞争力，毕业后选择出国深造或者在跨国公司等国际化公司就业。再如，绍兴文理学院提出"校地共生"的办学定位，致力于培养应用型人才，其纺织工程专业毕业生则更倾向于服务地方纺织企业，进入纺织生产、销售、贸易类企业、检测机构或相关行业。这些毕业生因实践经验丰富、技能熟练，深受企业欢迎，就业率居高不下。

（三）就业层次

不同纺织类高校在就业层次上也呈现出明显差异。重点研究型大学的纺织类本科毕业生，往往选择进一步深造，提升学历，进而在科研机构、高等院校从事科研教学工作。数据显示，东华大学纺织工程专业的深造率长期保持在较高水平，许多毕业生成为纺织领域的科研骨干和学术带头人；而应用型本科院校的毕业生，则更多地选择直接就业，往往从事一线的生产、销售、服务等工作，虽然岗位相对基础，但同样是企业不可或缺的人才。

（四）培养模式

不同层次高校在人才培养模式上也各有不同。在高等教育体系中，重点研究型大学普遍采取产学研协同发展的育人模式，这种模式的核心在于鼓励学生参与科研项目，与企业和研究机构建立紧密合作关系。以东华大学校企合作为例，东华大学与多家知名纺织企业建立了长期合作关系，这为学生提供了丰富的实习实训机会和科研平台；反观应用型本科院校则更注重"校企合作、工学结合"的培养模式，他们通过与企业共建实训基地、订单式培养等方式，实现人才培养与产业需求的无缝对接，这种模式在达成学生的实践技能的提升的基础上，进一步实现就业竞争力的提升。

二、原因分析

国内不同层次高校纺织本科人才培养存在差异的原因是多方面的，受到办学定位与特色、师资力量与教学资源、教育政策与投入、区域经济与产业发展以及学生群体与招生政策等多个因素的综合影响。

原因之一在于办学定位与特色不同。各高校层次差异往往体现在自身的办学定位和特色。一些高校的定位在于培养纺织领域的应用型人才，其人才培养方案则强调实践技能和工程能力的培养；反观另一些高校可能更倾向于培养研究型人才，就会将培养重点放在纺织科学的基础研究和创新能力培养。办学定位和特色的差异，直接体现在人才培养目标、课程设置以及教学方法等多个方面。原因之二在于师资力量与教学资源不同。各高校之间的师资力量与教学资源分布呈现出不均衡的状态。优质师资呈现"马太效应"，一些知名高校或重点高校往往能够吸引更多的高水平教授和学者，他们拥有丰富的教学经验和科研实力，能够为学生提供更高质量的教育；反之一些普通高校因硬件条件不足而面临师资短缺或教学水平不高的问题，这在一定程度上影响了纺织本科人才的培养质量。原因之三在于教育政策与投入不同。不同层次高校的发展受国家的教育政策与资金投入的影响，政府对高等教育的投入和支持力度不同，可能导致一些高校在纺织本科人才培养上的投入有限，也因此无法吸引更多优秀的师资和生源。原因之四在于区域经济与产业发展不同。高校所处的区域经济环境和纺织产业发展状况也会影响纺织本科人才的培养。在纺织产业发达的地区，高校可能更容易与相关企业建立合作关系，开展产学研合作，为学生提供更多的实践机会和就业资源。原因之五在于学生群体与招生政策不同。不同层次的高校在招生时面临的生源质量和数量也有所不同，一些高校会通过选拔更优秀的学生或提供更多的奖学金等方式来吸引优质生源，这在一定程度上也会影响纺织本科人才的培养质量和水平。

第三章 纺织类本科人才培养的目标和规格

第一节 目标和规格的基本内涵

一、目标

（一）人才培养目标的定义及特点

随着国际竞争日益加剧，国家发展迈入新阶段，建设高等教育强国对于实现中华民族伟大复兴具有至关重要的意义。在本科教育中，人才培养目标应遵循德智体美劳全面发展，提升综合素质，同时坚守为党育人、为国育才的初衷，以培养能够肩负民族复兴重任的新时代人才。

本科教育首先要明确其教育目标，这是整个本科教育活动的基石。教育目标设计需要遵循高等教育发展阶段的客观规律，设计时要精心规划，不断对其目标进行修订与完善。特别是在新的时代背景下，本科教育目标应更加注重基础知识的掌握、全球视野的培养、学生个性的发展、与社会的接轨、实践能力的提升以及创新思维的培养。[54]

1. 坚持基础性和综合性

在本科教育的规划与实施进程中，必须兼顾基础性与综合性。依据《中华人民共和国学位法》的规定，本科教育的培养目标应涵盖"掌握基础理论、专业知识和基本技能"，以及"有从事学术研究或者承担专业实践工作的初步能力"。在第四次工业革命背景下，社会需求呈现明显的"T型人才"偏好特征——既要求纵向的专业深度拓展，更强调横向的学科交叉融合。同时，随着科技的不断进步，当前社会对具备深入学科和专业知识的人才需求日益增加，而这类人才通常具有广泛的知识面和对其他学科的深入理解。丰富的知识在解决复杂的科学研究问题中起着至关重要的作用。"博通"与"专精"是互补的，绝不能将两者简单割裂开来，在高等教育大众化阶段，应注重基础教育与专业教育的有机结合，致力于培养拥有跨学科、多学科知识和创新能力的综合人才。

2. 形成个性化和特色化

从个性化的角度讲，高校人才培养应坚持以学生为中心，致力于提升学生的个性化成长。随着高等教育越来越普及化，入学门槛逐渐放宽，受教育群体的年龄结构、教育背景、学习动机和能力呈现出多样化的趋势，在此背景下，高校要树立"以生为本"的理念，坚持因材施教，构建多元化、个性化的培养目标，助力学生的个性化发展。从特色化的角度看，高校应结合实际，打造具有辨识度的培养特色。在确定人才培养方案时，各高校应全面考虑自身的优势条件、资源储备及社会需求，并结合自身的办学定位和人才培养方向构建具有针对性的教育目标。例如，某些高校在师资力量上具有显著优势，拥有一批在国内外颇具影响力的专家学者；有的高校具有先进的实验设备，能够为学生提供良好的科研条件；还有的高校在行业资源上占据领先地位，与众多知名企业建立了紧密的合作关系等。所以在办学过程中，高校要扩大这些优势，进一步突显本校特色。

3. 具备实践性和创新性

在高等教育规模扩张的进程中，精英教育的重要性显得尤为突出。当前，各行各业对人才的需求是多元化的。既需要像量子计算机科学家等能够在国家战略需要领域发挥核心作用的领军人物，也需要像人工智能算法架构师等能在新兴产业发挥骨干作用的技术管理员，同时也离不开像纺织从业者等在传统行业转型升级中展现中坚力量的精英群体。所以本科教育的人才培养目标必须紧密贴合国家实际需求，即要培养能够利用深厚的学科知识和学术研究成果解决实际问题的专业人才。同时，在我国从经济大国迈向经济强国的进程中，创新型人才培养应是本科教育未来发展的重要定位，通过培养具有实践性与创新性的人才，有助于我国人才资源在国际竞争中占据有利地位，这种培养定位既符合《国家创新驱动发展战略纲要》的政策要求，也符合社会需求。

（二）不同标准下的培养目标要求

培养目标是人才培养工作首先要明确的要素，它从根本上决定了人才培养的方向，不同的背景下，人才培养目标不同。[55]不同标准下的培养目标对比见表3-1。

表 3-1 工程教育认证标准下的培养目标与"卓越计划"培养目标[56-57]

工程教育认证标准下的培养目标	"卓越计划"培养目标
（1）有公开的、符合学校定位的、适应社会经济发展需要的面向工业界、面向世界、面向未来，培养目标	（1）面向工业界的需求、着眼于全球视野、立足于未来发展，培养并造就一大批具备强大创新能力、能够适应经济社会多样化需求的各类型高质量工程技术人才。为构建创新型国家、实现工业化与现代化的宏伟目标奠定坚实的人力资源基础，并进一步增强我国的核心竞争力和综合国力
（2）培养目标能反映学生毕业后五年左右在社会与专业领域预期取得的成就	（2）以实施"卓越计划"作为改革的切入点，推动工程教育的全面改革与创新，以期全面提升我国工程教育的人才培养质量。长远目标是构建一个既具有国际先进水平又彰显中国特色的社会主义现代高等工程教育体系，从而推动我国从工程教育大国稳步迈向工程教育强国的行列
（3）定期评价培养目标的合理性并根据评价结果对培养目标进行修订，评价与修订过程有行业或企业专家参与	（3）"卓越计划"人才培养标准应紧密贴合工业界对工程人员职业资格的实际要求，严格遵循工程型人才的成长规律。培养标准细分为通用标准和行业专业标准两大类别。通用标准明确了各类工程型人才在培养过程中应达到的基本要求和素质；而行业专业标准则在通用标准的基础上，结合特定行业的实际需求，进一步规定了该行业内具体专业的工程型人才所应达到的培养标准。注重促进学生的全面发展，强调创新精神和实践能力的培养，高度重视工程型人才人文素质的熏陶与提升

工程教育认证体系着重于依据各高校的独特定位及社会经济发展的迫切需求，精准设定专业教育的培养目标；而"卓越计划"的核心目标主要围绕人才培养模式的革新与工程教育体系的重构两大方面展开。在人才培养的维度上，"卓越计划"以服务国家重大战略需求作为出发点与落脚点，清晰界定了高等教育机构在培育卓越工程师方面的总体战略导向。至于工程教育改革的层面，"卓越计划"致力于打造一个达到国际领先水平的工程教育框架，[57]并将实现工程教育强国的愿景作为其奋斗目标。从一定角度讲，"卓越计划"所确立的卓越工程师培养总体目标，相较于工程教育认证所要求的培养目标更为高远。

二、规格

（一）人才培养规格的定义及特点

人才培养规格是对学校培养目标的详尽说明，清晰地界定了对毕业生的质量要求，并为学校制订教学计划、课程教学大纲，以及组织教学活动、进行教育质量检查和评估提供了重要的参考依据。[58]潘懋元曾提出，教育质量的标准包含两个维度：一是普遍适用的基本质量要求，二是针对特定人才的培养标准。基于这一理解，第一个维度是国家对本科人才培养所设定的统一规格要求，它确保了教育的基本水平；第二个维度则是高等学校为响应社会对人才多元化需求的挑战所特别制定的人才培养规格。因此，人才培养规格不仅体现了国家标准的统一性，还充分展现了高等学校在适应社会需求方面的多样性和灵活性。[59]国家对本科人才培养规格的统一性要求如图3-1所示。

在设定人才培养规格时，高等学校要结合自身优势和特点制定，避免千篇一律，要综合考虑高校生源质量、师资实力、教育基础、发展条件及所在地区的社会经济需求等具体情况，科学地制定具有个性化的人才培养规格。这种多样性的形成，主要由以下几个关键因素共同决定[58]：

德育	热爱社会主义祖国，拥护中国共产党的领导，掌握马列主义、毛泽东思想和邓小平理论、"三个代表"重要思想、科学发展观、习近平新时代中国特色社会主义思想的基本原理；立志为社会主义现代化建设服务，肩负为人民服务，具备为国家富强、民族昌盛而奋斗的志向和责任感；展现敬业爱岗、艰苦奋斗、热爱劳动、遵纪守法、团结合作的优秀品质；在思想品德、社会公德和职业道德方面均表现出良好素养
智育	具备人文社会科学和自然科学的基本理论知识，掌握本专业的基础知识、基本理论和基本技能。拥有独立获取知识、提出问题、分析问题和解决问题的基本能力，同时具备开拓创新的精神。此外，还具备一定的从事本专业业务工作的能力，以及适应相邻专业业务工作的基本能力和素质
体育	具备一定的体育和军事基本知识，掌握科学锻炼身体的基本技能，并养成良好的体育锻炼和卫生习惯。接受必要的军事训练，以达到国家规定的大学生体育和军事训练合格标准。在此基础上，学生应具备健全的心理和健康的体魄，以便能够履行建设祖国和保卫祖国的神圣义务

图3-1 国家对本科人才培养规格的统一性要求

一是社会需求的多样性。高等教育核心任务就是要根据社会多样性的需要，培养各种多元化的人才。既要有潜心理论研究与学术探索的基础性学者，也需要专注成果转化和应用，能够解决实际问题的专家，两者缺一不可。二是区域经济的特殊性。我国地域辽阔、资源丰富，不同的资源优势、地理位置和行业特点造就了不同地域的产业优势，资源型城市需要大力地质勘查人才，经济型城市则需要懂得金融服务的专业人才，地方高校在制订人才培养规格时，必须充分考虑到地域的特殊性和多样性，服务地方经济发展需求，为地方输送急需人才。三是高校办学条件的差异性。不同高校在办学基础上存在一定的差异性，这包括生源质量、师资力量、教育资源以及学校的发展潜力等方面。四是学生个人专长的倾向性。学生个体具有各自不同的擅长领域，数理专长的学生往往具有较强的学习能力与创新思维，擅长人文社科的学生则具备较好的文学素养。[58]

（二）纺织类本科人才培养规格的设计

设计科学的人才培养规格时，必须充分考虑不同学科的特点，以确保人才培养的质量与效果。

一是针对历史悠久、在国内外处于领先地位的优势学科来说，它们有着诸多优势，拥有较强的科研团队，形成浓厚的学术氛围，在行业领域有着较大的话语权，甚至引领行业的发展，也助推着区域经济的发展。丰富的科研经验同时可以促进教学质量的提升，这些前沿的研究成果能够有效转化为教材和课程教学内容，这为学生提供了参与科研项目的宝贵机会，使他们能够深入了解研究过程、掌握科学的研究方法，与此同时，学术团体内部的学术交流可以促进学术思想的碰撞与融合，这为培养研究型人才提供了扎实的基础，同时兼顾复合型人才和应用型人才的培养，以实现人才培养的多元化目标。

二是针对实力相对一般、教学和研究的优劣势并存的学科。这类高校是以教学与科研并存发展，构建多维度的交叉融合培养途径。这样的学科发展模式，主要以培养复合型人才为主导，同时兼顾研究型人才和应用型人才的培养。通过构建交叉学科集群，这些学科能够更好地满足社会对多元化人才的需求，并推动学科自身的持续进步。

三是针对办学历史较短、发展水平相对较低、正处于探索和摸索阶段的新办学科。学校以教学为主科研为辅，人才培养的重心在于提升教学质量，这类学校的人才培养目标应聚焦于应用型人才。同时，为了学科的全面发展与满足学生的多元化需求，对一部分学生也应辅以复合型人才和研究型人才的培养。

（三）教学研究型大学本科人才培养规格的具体要求

在本科阶段，研究型人才、复合型人才以及应用型人才是目前教学研究型大学人才培养规格主要的三种类型。三种类型人才在不同维度的基本要求见表3-2。

表3-2　三种类型不同维度的人才培养规格

人才类型	知识	能力、素质	适用性
研究型人才	既具有一般的人文、社会和自然科学知识，还具有比较专深和丰富的专业知识	具有一定的学术发展能力，能在本学科和专业领域内开展创造性的工作，有较强的独立解决问题的能力	具备良好的专业素质，专业发展能力强，职业适应能力强
复合型人才	既具有一般的人文、社会和自然科学知识，又具有两门以上专业理论知识和技能知识，结构较合理	具有多种能力和发展潜能，能在本学科专业或相关学科专业内多方位地开展工作	有较强的适应能力，上手快，同时具有一定自我发展能力且后劲较足
应用型人才	具有一般的科学文化知识，适当强化专业知识学习	具备基本的专业技能，动手能力和实践能力强，能发现实践问题并能把理论应用到解决实践问题中	职业适应能力强，具备进入劳动力市场所需的各项能力和资格

在构建通用教育平台的基础之上，教学研究型大学会依据人才类型的差异，设定各具特色的培养目标。研究型人才，注重培养其专业知识与提升其学术能力，以保障其在专业领域内的持续成长；复合型人才则侧重于多元化技能的培育，从而拓宽其职业选择范围及增强其未来发展的潜力；应用型人才则更强调专业技能的训练[60]，使其具备高度专业化的技术，以增强其就业的针对性。

三、纺织类本科人才培养目标和规格案例介绍

（一）培养目标

1. 专业定位与特色

绍兴地区纺织产业具有设备先进、规模庞大、产业链完整等优势，但总体也存在科技含量偏低、研发投入少、创新型企业数量及比例偏低的现象。前期企业调研结果表明，企业对技能型人才的需求最为旺盛，创新型人才次之。绍兴文理学院以服务地方为己任，迎合地方发展需求，将纺织工程专业定位为具有创新能力的高素质应用型专门人才的培养基地。[61]

2. 培养目标与毕业要求

纺织工程专业的培养目标是在学校总体培养目标的基础上，结合本专业性质、社会对人才的需求，以及学生在毕业后五年达到的职业水平制定的。主要目标是培养能够胜任纺织相关工艺设计、产品开发、质量控制、检验检测、生产管理、贸易营销等工作，具备创造性地解决纺织领域内复杂实际问题能力的高素质应用型专门人才。

毕业要求则从十二个关键方面进行详细阐述，包括运用工程知识的能力、分析工程问题的能力、设计/开发解决方案的能力、使用现代工具的能力、分析与评价工程与社会之间关系的能力、环境与可持续发展意识、遵守职业规范的素养、个人和团队合作能力、沟通能力、项目管理能力、终身学习的意识与能力等。这些要求在工程认证通用标准的基础上，融入纺织工程专业的特色元素，使得培养目标与毕业要求之间的对应关系明确且具体。

3. 具体要求

（1）拥有较为扎实的理论基础及较强的计算机以及外语应用能力。随着我国高校招生规模的不断扩大，精英教育逐渐转变为大众化教育，整体生源质量有所下降，学生学习基础课程面临更大的挑战。为了夯实理论基础，需进一步强化基础课程设置，打好扎实的基础。

（2）宽口径培养，拓展适应能力。为了提高学生就业竞争力，在纺织工程专业的教学中，必须确保专业基础课程的稳固地位，不可削弱。同时，专业方向的划分不宜过于细化，以免限制学生的就业选择与发展空间。此外，专业方向课程的课时占比也应适度控制，避免过多挤占学生的学习时间。考虑到终身学习已成为教育发展的趋势，部分专业知识在工作过程中可以继续深入学习，纺织工程专业要根据市场需求和产业变化及时调整专业方向的课程，增设专业选修课，以满足学生个性化的学习需求与职业发展规划。

（3）加强动手能力和创新能力的培养。纺织工程专业始终将人才培养目标定位在提升学生的实践创新能力,包括培养学生的良好动手能力、综合知识应用能力和创新能力。依托行业领先的实验设备优势,该专业构建了贯穿全过程的实践教学体系,作为绍兴文理学院的特色专业,纺织工程专业拥有浙江省重点实验室及国际先进的硬件设备,为学生提供高质量的实践机会。[62]专业的教师团队为教学质量提升提供了可靠的保障,学校注重双师双能型团队培育,鼓励教师到企业挂职锻炼,提升教师的实践能力的同时也为学生提供更多实践机会。

（4）有一定的专业特色,增强对用人单位的吸引力。为了顺应国际化趋势,纺织工程专业特设贸易方向,并对非贸易方向的学生增设了贸易相关课程。此举可培养既具备深厚纺织专业知识,又掌握贸易基础理论的复合型人才,为学生提供了更广阔的就业空间。

（二）培养规格

1. 培养目标

坚持立德树人,培养德智体美劳全面发展的社会主义建设者和接班人。致力于培养能适应经济和社会发展需要,具备人文社会科学素养和社会责任感,具备扎实的专业基础和工程能力,能在纺织及相关领域从事工艺设计、产品开发、质量管控、检验检测、生产管理、贸易营销等工作的高级应用型工程技术人才。

本专业学生毕业后五年左右预期达到的能力目标如下。

子目标1：能够针对纺织品设计开发、生产、管理、营销等纺织工程领域的复杂工程问题,提出并实施综合社会、经济、环境友好的解决方案。

子目标2：具有人文社会科学素养、社会责任感和工程职业道德,能够在工程实践中履行并承担纺织工程及其相关领域工程技术人员应尽的社会责任和义务。[63]

子目标3：具备健康的身心素质,拥有团队合作精神和多元化学科领域内进行高效沟通与协作的能力。

子目标4：能够跟踪纺织行业的前沿发展,具有适应纺织行业发展的能力,能够拓展工程的创新意识与创造能力,能够适应现代纺织工程技术的发展并不断提升自我的能力,具备完成纺织新产品的设计开发及工程项目的管理能力。

2. 毕业要求

毕业要求涵盖工程知识等在内的十二个方面,具体见表3-3。

表3-3 毕业要求

类别	具体要求
工程知识	注重培养学生将数学、物理、化学等自然科学知识，以及工程基础和专业知识，综合应用于解决纺织工程领域复杂工程问题的能力
问题分析	着重培养学生运用数学、自然科学以及工程科学的基本原理，对纺织工程领域的复杂工程问题进行识别、表达，并通过文献研究进行深入分析，得出有效结论的能力
设计/开发解决方案	着重培养学生针对纺织领域的复杂工程问题，设计有效解决方案的能力。具备设计符合特定外观与功能需求的纤维原料、纱线、组织结构、制备工艺及加工工艺流程的能力，并在设计过程中展现出创新意识。能够在设计环节中综合考虑社会、健康、安全、法律、文化及环境等多重因素
研究	着重培养学生基于科学原理，运用科学方法针对纺织领域的复杂工程问题进行研究的能力。包括设计合理的实验方案、对实验数据进行分析与解释，以及通过综合各类信息得出合理且有效的结论
使用现代工具	着重培养学生针对纺织工程领域的复杂问题，进行技术、资源、现代工程工具及信息技术工具的开发、选择与运用的能力。包括对复杂纺织工程问题进行预测与模拟，并深入理解其应用局限性
工程与社会	学生能够依据纺织工程的专业背景，对纺织专业工程实践和复杂工程问题的解决方案进行深入分析，评估其对社会、健康、安全、法律及文化等多维度的影响，并深刻理解作为工程师所应承担的社会责任
环境与可持续发展	学生能够全面理解和评价纺织工程实践在解决复杂工程问题时，对环境和社会可持续发展所产生的深远影响
职业与规范	学生深刻理解并践行社会主义核心价值观，具备人文社会科学素养和社会责任感。在纺织工程实践中，学生能够准确把握并遵守工程职业道德与规范，切实履行自身职责
个人与团队	在多学科交叉的纺织、材料、设计等领域团队中，学生能够灵活地扮演个体成员、团队成员以及团队负责人的多重角色
沟通	学生具备就复杂纺织工程问题与业界同行及社会公众进行有效沟通和交流的能力，包括撰写高质量的报告和设计文稿、进行有力的陈述发言、清晰准确地表达或回应指令。同时，学生还拥有国际视野，能够在跨文化背景下进行无障碍的沟通和交流
项目管理能力	学生深入理解并掌握纺织工程的管理原理与经济决策方法，能够在多学科环境中熟练运用这些知识和技能进行项目管理
终身学习	学生具备强烈的自主学习和终身学习的意识，拥有不断学习和适应行业发展的能力，为个人的持续成长和职业发展奠定坚实基础

第二节 目标和规格的现状与超越

高校人才培育的根基工程在于明确人才培养规格。面对不同办学定位，高校需要构建差异化的规格标准——以摒弃单一、刻板的教育模式。不同类型的大学和不同行业对于本科教育的标准并非千篇一律，而是有着很强的包容性和多样性。为了有效地承担起培养教学与研究型本科人才的责任，建立针对这类大学的本科教育的质量保证机制对教学过程的评估、监控和诊断在教学管理中极具战略意义。通过将这些活动与教学质量保障进行有机结合，可以确保教学目标的及时实现和教学决策的有效执行，从而提高教学的稳定性、有效性。这既满足教学资源的合理利用和持续改进，又实现高校契合产业需求的提升，突出其特色，顺利完成产才融合的人才培养任务，达成人才培养目标。

一、顺应：服务产业
（一）纺织类人才培养情况

在我国工业化的漫漫征程中，纺织业始终扮演着工业引擎的核心地位，它的发展对引领推动工业具有战略意义。而在改革开放的浪潮中，纺织业更是勇立潮头，成为引领对外开放和经济体制改革的先锋，把握住了全球产业转移的重要契机，积极推动"三来一补"的外向型经济发展模式。1979年，原纺织工业部从战略层面的高度部署成立深圳华联纺织联合公司，该公司成为向世界展示中国纺织经济的雄厚实力和对外开放的重要平台。1982年，仪征化纤公司开启"引资建厂"新模式，率先在国内国有企业中借助外资建厂，此举在业内广受好评，成为新的行业标杆。通过与国际伙伴的深入合作，纺织业不仅成功实现了资本的积累，更在技术创新、制度优化和管理理念上实现新突破。

自2001年中国成功加入世界贸易组织后，纺织工业迎来新的发展契机，也推动纺织工业与全球价值链的深度融合，在这股强劲东风的吹拂下，纺织行业的发展出现黄金窗口期，从此步入高速发展的新阶段。面对机遇与挑战，纺织行业积极探索、大胆创新，成功开创了产业集群工作的崭新局面。这些产集群蓄势待发展现出强劲的发展动力，推动纺织业完成从规模红利向创新红利战略的转变，所以进一步提升产业竞争力，助力产业升级和转型。

自新中国成立至今，中国纺织工程高等教育经历了较大的变革与发展。20世纪50年代，纺织教育迅速崛起，而到了20世纪90年代，随着改革的深入推进，又取得了跨越性进步。改革开放后，受益于相关政策的扶持，纺织工业的高等教育经历了迅猛的发展，由此出现了诸多细分且专业性较强的学科领域，如棉纺工程、毛纺工程、麻纺工程、丝绸工程、针织工程以及机织工程等。自20世纪90年代后，高等教育体系开始进行调整，纺织工程、丝绸工程及相关细分专业被合并为一个更广泛的专业领域。尤为值得一提的是，在20世纪90年代末，《普通高等学校本科专业目录》经历了一次重要的修订过程，此次修订调整幅度较大，大量专业出现缩水现象——由原先的504个专业缩减至不足一半，工科类专业变动尤为明显，从最初的181个减少到70个。这次专业调整折射出国家层面对人才培养模式的根本性转变：从精细化培养轨道向通识化复合培养体系演进。就拿纺织领域来说，以前传统的棉、毛、丝、麻等原料分类，还有纺纱、织造、染色等整个加工环节，原本分散在不同专业里。经过这次调整，都整合到了纺织工程专业当中。形成了"大纺织"专业。

纺织服装高等教育领域正经历育人理念革新。一是突破以单纯传播知识为主的传统观念，改变课堂上填鸭式的教育模式，逐步从重知识能力的培养转向更为全面的综合素质的培养。这一转变可以培养具备深厚知识基础与多元能力的学生，进而提升其智力和心理素质。二是培养方案改变单一技术专长的培养定式，知识和技能体系上构建复合型知识架构，培养学生拓展知识结构，将视野扩宽到技术知识以及经济和管理知识领域。

纺织服装教育的关注点从狭窄的职业需求中解放出来，开始致力于培养具备多技能、专业化的实用型和技术型人才，以满足企业发展的多样化需求。此外，教育模式的转变还体现在从强调统一的规格要求向注重个性化发展的转变。这一转变可以更好地适应市场需求，通过实施多元化、多层次的教育模式，满足社会对不同规格、不同层次人才的需求，既着眼于社会发展对高层次人才的长期需求，也兼顾纺织服装企业对大量应用型人才的迫切需求。由此，众多高校相继对其教育和培养方案进行了调整，明确要求纺织工程专业的学生必须掌握纺织品基础知识。同时，各高校及纺织工程专业也在积极探索特色化发展路径，以形成各自独特的教育模式。近年来，国内纺织工程专业采纳多样化的培养模式，对这些人才培养模式进行深入分析与对比，总结其优势与不足，并从中提炼经验与教训，对于推动纺织工程专业的"新工科"建设具有重要的参考价值。[34]

（二）现阶段纺织类人才培养存在的问题

在走访调研各大纺织高校以及20余家纺织服装企业，与中国纺织工业联合会进行深入交流的基础上，本文梳理了纺织业目前所面临的挑战及应对策略，纺织服装人才培养主要存在以下四个方面的问题。

（1）纺织服装人才培养理念未能跟上国家行业发展需求。纺织强国战略已将绿色时尚技术视作推动产业转型升级的重要手段和目标。然而，学校在响应国家战略和产业转型方面存在滞后，未能及时调整新的人才培养理念。在定位人才核心能力方面，目前仍采用的传统理念过于偏重环节知识和知识传授，而忽视了产业链的重要性和对设计创新能力的培养。纺织行业如今正朝着智能化、绿色化、时尚化方向转型升级，对人才的要求早就今非昔比。但目前学生在科技创新、时尚设计以及绿色环保等方面的能力不足，难以与纺织强国战略和行业转型升级对人才的需求相匹配。破局之道在于需要调整人才培养理念，更加注重对学生实践能力和创新思维的培养，以适应行业发展的需求。

（2）当前的培养模式未能充分满足纺织服装领域对人才创新能力的需求。传统的纺织服装人才培养模式在学校中过度聚焦体系化和应用性，割裂了工程思维与美学创造的有机联系，形成"技术理性"与"艺术感性"的二元对立格局。在资源整合方面存在明显不足，行业企业在协同教育中的作用未得到充分发挥。与此同时，学生缺乏国际视野，绿色和可持续发展的理念薄弱。这些因素综合起来造成培养出的纺织服装人才与国家的战略目标和行业需求不相符，特别是在创新能力和国际视野上更需要提升。

（3）纺织类国家的课程体系与实践体系尚待完善，未能满足当前的人才需求。随着现代纺织产业链的进一步拓展，科技创新日益需要跨学科知识的综合运用。面对智能制造、可持续时尚等新兴领域的快速发展，当前的人才培养模式暴露出跨学科知识谱系的问题——既缺乏对纺织新材料研发到品牌管理的纵向知识延伸，又缺失智能技术、绿色经济等横向学科融合。全球化知识架构的缺位，更造成人才培养的国际化素养不足。在实践教学方面，现阶段存在重理论、轻实践的倾向，实践教学停留在表面，而协同育人的实践教学资源存在系统性短板，所以这些问题都制约了纺织强国战略对人才创新实践能力的培养和提升。

（4）多方协同的质量保障机制尚未完善。在传统的纺织服装人才培养过程中，质量标准不够完备，学校在评价时难以对人才培养目标达成度的开展有效评估。与此同时，人才培养质量的评价主体和评价内容也存在不足，缺乏对国家及行业企业人才需求匹配度的考量，以及学生对自我发展评价的缺失。为了适应纺织强国战略和行业转型升级对人才的需求，纺织服装人才的培养应构建"科技—艺术跨界融合、学科—教育生态耦合、校企—产教深度融通、本土—全球双向融汇"的四维融合培养范式。以此达到系统提升工程项目实践能力、时尚创意设计能力以及可持续发展的三个核心能力。新的培养体系将有助于提升纺织服装人才的综合素质，更好地满足行业发展的需求。[64]

二、超越：引领产业

（一）产业发展趋势

新的科技革命和产业变革持续向纵深发展，技术迭代与大国博弈加速演变。新材料、新能源、人工智能以及5G技术等新兴科技正以前所未有的速度渗透到人类社会的各个领域，以此重塑产业生态；面对即将到来的新发展时代，中国提出"中国制造2025""创新驱动发展"等重大国家战略，推动了"一带一路"倡议，持续推进创新驱动发展。[35]从产业特性和技术要求维度看，这些新兴产业与纺织技术及纺织产业之间存在着紧密的联系，智能制造设备在纺纱织造环节加速应用，相变调温纤维、智能可穿戴纺织品等创新产品持续涌现，倒逼行业技术体系升级。从国际产业布局调整维度看，随着"中非合作"框架下的产能合作深化，国内纺织企业海外布局持续扩展，形成研发与制造联动的双循环格局。而随着可持续发展要求升级，纺织行业低碳转型需求凸显，推动高校人才培养方案融入绿色制造、循环经济等新兴内容。面对经济社会发展的迫切需求、新时代环境的客观挑战以及科技进步的必然趋势，我国纺织工程专业的高等教育必须积极实施以新工科为导向的传统纺织工程专业的升级与改造。纺织业作为我国的支柱产业，当前正面临着结构调整、产业转型和升级的重大任务，所以需要大量具备创新思维和实践能力的人才支撑。

当前，我国纺织工业正处于转型升级与现代化攻坚阶段，而现有纺织工程专业教育体系与产业变革需求间的结构性矛盾日益凸显。教学实践中，以理论讲授为主导的传统模式虽保证了知识系统性，却弱化了现代纺织装备操作、智能生产管理等实践能力培养。校企协同方面，部分本科人才培养方案与企业技术升级需求衔接不足，对于员工的培训并未紧跟产业需求，教育与生产实践之间存在脱节现象。课程架构中，新材料、智能纺织技术等前沿领域内容更新缓慢，跨学科知识融合深度有限，难以满足绿色制造、数字化生产等新兴方向对复合型人才的需求。

当前纺织工业现代化进程的加速，对创新人才培养提出了更高要求。在跨学科整合趋势下，纺织工程教育正面临关键转变——传统纺织学与智能技术、材料科学、电子信息等领域的知识边界逐渐消融，形成多维度知识网络。这种融合不仅体现在技术层面，更要求教育体系打破学科壁垒：电子传感技术与织物设计的结合催生出智能纺织品研发方向，医疗健康需求与纺织材料创新正在拓展产业应用场景。然而，现有课程体系仍以单一学科知识架构为主，新兴交叉领域的教学内容更新滞后，出现人才培养与产业技术演进存在差距。破解这一困局，亟须重构纺织工程教育生态，通过课程模块重组与实践平台升级，构建适应产业变革需求的动态培养体系。

高校在纺织行业的改革举措，虽然为纺织工程专业的变革提供了一定的参考与启发，但总体来看，其改革的重心仍主要聚焦于工程技术应用人才的培养层面，其研究型基础教育规划仍然着重于知识结构与创新能力的培养。传统的授课模式仍占据主导，师生互动停留在理论讲解与被动接受层面，未能构建启发式、探究式的双向认知通道。教研资源配置方面，研究型实验室与生产实训平台存在物理隔离，导致精密仪器设备在基础研究完成后长期闲置，而实践教学环节又缺乏先进技术载体的支撑。课程体系设计中，创新能力培养模块多依附于传统课程框架，跨学科项目制教学尚未形成系统化实施路径，学生难以在真实产业场景中整合材料科学、智能技术等多领域知识。具体而言，教学过程主要面临以下几个具体问题。

一是当前的纺织工程人才培养方案存在不足。经过多年的实施，当前纺织工程专业的人才培养方案已逐渐暴露出其局限性，尤其是在课程结构的设计上存在不合理之处，出现课程结构失衡，就拿现行培养方案来说，必修与限选课程占比过高，传统纺织工艺类课程学时安排密集，而智能技术应用、数字化设计等实践类课程空间受限。课程配置过度强调专业知识的系统性，出现跨学科整合机会不足，学生创新实践能力培养载体薄弱。

二是现有的纺织工程课程体系和内容较为传统。在当前的专业课程教学中，无论是课堂教学环节还是实践教学环节，教师均处于主导地位。专业课程内容更新速度明显落后于技术发展节奏，纺织大数据、生物基材料等前沿领域未形成完整教学模块。课堂教学仍以传统纺织原理为核心，智能穿戴技术、低碳工艺等新兴内容多停留在概念性介绍阶段，与产业实际技术应用存在断层。教学方式中，引导学生发散思维、激发创新思维的开放式问题则相对较少。

三是教学模式的创新和实施均显不足。由于多年的惯性思维，许多教师对当前先进的教学理念理解不够深入，导致教学模式未能得到及时更新。居然在一些大学和职业教育本科中引入了先进的教育模式和概念，但是由于各种因素的制约，这些新模式和新概念并未能真正落地实施。与此同时，由于教学模式、教学内容以及教学质量评价标准的缺失，学生学习内驱力不足，学习积极性未能有效激发，创新思维和实践能力机制尚未形成。

（二）人才培养方向

调整创新知识体系和课程体系，以适应新的人才需求。通过设计模块化课程，缩短传统课时并突出课程的开放性与实用性。引入"项目+竞赛"的教学模式，强化学生的基础知识并拓宽其跨学科视野。在教育资源配置层面，利用现有资源，构建公共专业实验平台，如工程加工实验室、化学公共实验室、纺织材料加工实验室以及服装加工实验室等。在管理模式层面，采取普遍学分制，并同时开发一套与学生自主获取知识和实践操作能力相匹配的管理策略。而在评价机制上，建立一种新型的评价体系，该体系以学生自主学习为评价核心，不仅考量学生的学习成效，也评估教师的教学效果。

1. 培养方案构建

针对未来纺织行业对人才的需求变化，将创新能力建设作为核心，进一步明确制定人才培养的具体目标。通过精心规划和高端设计，打造一个全新的人才培养架构及培养方案。

2. 课程体系改革

在课程思政的引领下，明确注重培养自主学习和独立思考的能力的人才培养目标。由此，通过大幅度缩减基础类知识的传授型教学课，以减轻教师的重复性工作量，让他们有更多精力专注于高质量的教学。同时，利用网络精品课的教学资源，通过任务驱动的方式，激励学生主动探索并获取知识，从而提升其自主学习的能力。增设更多创新实践类型的课程，并引入交叉学科的内容，能够为学生提供更宽广的知识视野和更多的实践机会。例如，减少纺织工艺类课程的理论教学时间，增加纺织材料及工艺的综合实验环节，以增强学生的实践操作能力。此外，加入更多交叉学科和前沿技术的课程，如电化学、柔性传感器技术、人工智能等，这些课程将有利于帮助学生拓宽学术视野，并提升学生解决复杂问题的能力。

3. 教学资源重组

为了构建全新的课程体系，对现有的实验中心和实验室进行重组与资源整合，以确保它们能够有效地支持创新实践教学的需求。建立公共工程处理实验室，能够为学生提供加工处理、纳米材料操作以及3D打印技术等实践机会，从而帮助他们达成专业课程要求并参与相关竞赛。此外，化学公共实验室主要协助学生进行新材料的合成、改性及相关特性的表征。纺织材料加工公共实验室则专注于为学生提供纤维材料的制备、成型技术及其生产设备的相关知识与实践。最后，通过建设服装加工公共实验室，期望学生能够掌握织物的成型工艺和相关的生产设备操作。

4. 教学模式改革

教学模式的改革能够实现教学与科研的深度融合，确保教师和学生在教学活动中能够同时扮演知识的汲取者和创新者的角色。在这一过程中，基础教学与专业科研紧密相连，依托于丰富的教学与科研资源，推动知识的双向传递与增值，从而实现教与学的相互促进和共同提升。

第三节　应用型、创新型、复合型人才培养

当前，我国高等教育正逐步迈向大众化与普及化阶段，社会经济的蓬勃发展对多元化人才培养的需求越发迫切。国务院颁布的《统筹推进世界一流大学和一流学科建设总体方案》明确指出，教育的核心使命在于立德树人，务必

凸显人才培养的核心地位。此方案着重强调，应当致力于培养兼具历史使命感与社会责任感，同时富有创新精神及实践能力的各类杰出创新型、应用型及复合型人才。[65]因此，为实现各类人才的培养目标，其前提与关键在于明确辨析不同类别人才的内在特质、彼此之间的差异以及相互之间的联系。只有清晰界定了这些要素，才能有针对性地设计教育方案，确保各类人才的培养质量达到预期标准。

一、应用型、创新型、复合型人才辨析

（一）应用型、创新型与复合型人才的区别

1. 内涵、特征的区别

应用型、创新型与复合型人才是按照不同维度进行划分，具有不同的内涵与特征（表3-4）。

表3-4　应用型、创新型与复合型人才的特征与分类

人才类型	不同人才维度分类	特征	分类
应用型	应用型、学术型	（1）基础性，拥有从事特定社会实践活动的必备知识与技能 （2）专业性，接受过专门的教育培训，从而获得了从事专门活动的专业能力 （3）职业性，以满足社会职业需求为导向的	技能型人才、技术型人才以及工程型人才
创新型	创新型、技术型、管理型	（1）知识结构，具有广泛、丰富的知识结构，知识具有前沿性 （2）心理学角度，具备创新意识、创新思维、创新能力、能进行创造性活动 （3）创新意识，主体根据主客观条件需要进行创造性活动的倾向 （4）创新素质，个体拥有进行创造性活动的知识素养、能力素养和思想素养	创新型应用型人才、创新型研究型人才、创新创业人才
复合型	复合型、单一型	（1）知识的复合性，具备多门学科理论背景与基础知识，知识的迁移辐射性与交融性强 （2）能力的综合性，主体有较强的实践操作技能，能灵活整合各类知识并进行创造性活动的能力 （3）思维的创新性，个体基于观念的创新，能创造性地分析与解决实际问题的思维过程	—

由表3-2可知，应用型人才主要是针对社会职业需求而培养的，这类人才强调知识的基础性和职业技能的专业性，同时融合了高等教育和职业教育的特点。创新型人才则必须具备开拓进取的精神，他们的知识基础扎实且深厚，并兼具出色的创新品格和潜在的创造能力。复合型人才掌握了不同学科的理论知识和实践技能，他们拥有高度的社会适应性。尽管这三种人才类型在各自的维度上有所不同，但都是现代教育和社会重点培养的目标。[66]

2. 人才质量规格要求的区别

各类人才在知识结构、能力需求和评价标准上均有所差异。应用型人才不仅需要掌握基础性的知识，还需深入学习特定领域的知识和技能，其专业性更强，主要侧重于知识结构的深度发展，即纵向深化。创新型人才则侧重于人的创造性与创新能力的提升，这类人才重视在已有知识的基础上进行新的知识体系建构和创新，以突破思维界限，发现新的规律、学说或创造出新的成果，从而对人类社产生积极影响。知识面的横向拓展即跨学科的知识融合是复合型人才的核心优势，他们的知识体系综合性强，注重多元知识的交汇与运用。在人才培养的定位与评价维度上，不同导向存在显著差异。应用型人才培养聚焦特定行业的专业技能习得，其评价标准以培训后职业能力的提升效果为核心；创新型人才培养强调学科创新特质的发展，评价重心落在创新思维转化能力及创造性成果产出；复合型人才培养则注重跨领域知识整合能力，评价体系侧重综合素养与岗位适应性的多维匹配度。三类人才都各有优势和侧重点，分别以"专业性""创新性""综合性"为特征，共同构成适应产业需求的人才培养类型，各自在不同应用场景中发挥独特价值。

（二）应用型、创新型与复合型人才的联系

随着经济的转型发展，人才市场对人才的要求更加严格，需具备扎实宽广的知识基础，又要掌握精深专业的核心技能，同时兼具灵活运用知识开展创新实践的能力，并重视道德修养与专业素质的有机统一。从根本属性看，应用型、创新型与复合型人才共同遵循着"价值创造"的核心准则。既包含推动社会进步的社会价值，也体现个人职业发展的个体价值，二者在市场经济环境中形成良性互动。在知识结构层面，学科交叉融合与职业多元化趋势强化了基础知识体系的重要性，无论是技术应用还是创新突破，都需要以纺织材料学、机械原理等基础学科作为支撑平台。面对时代发展趋势，创新能力已突破单一人

才类型的边界，成为所有人才培养的共同导向，这既源于智能纺织、绿色制造等领域的技术迭代需求，也呼应着全球化竞争对人才素质的根本要求。这三种人才类型在培养理念、内容和措施上有着紧密的联系，它们并不相互排斥，而是各有侧重，且可以相互兼顾。应用型人才聚焦特定岗位的胜任力培养，创新型人才侧重技术突破能力的塑造，复合型人才强调跨领域适应性的构建。这实质上是应对产业变革需求的不同解决方案，在纺织工程教育体系中形成互补共生的生态关系。

二、应用型、创新型、复合型人才培养的时代需求

（一）社会发展的客观需求

现代大学与其所处的环境紧密相连，随着外部环境的变化，高校也将做出相应的调整。[67]当前，高校所培养的人才与社会的就业需求之间存在明显的供需不匹配，本质上源于高校人才培养标准与社会岗位能力要求之间的系统性偏差。这种教育供给与产业需求的结构性错配，导致人才市场同时存在"就业难"与"招工难"的并存现象。为此，高校需有针对性地选拔并培育具备创新精神与实践能力的应用型人才。在创新驱动发展的时代背景下，知识更新速度加快与学科交叉融合趋势，对人才的社会适应能力提出更高要求。高等教育机构需要重点培养具有创新意识和复合能力的专业人才，这类人才不仅能满足现有岗位需求，更能通过技术创新开拓新兴领域，创造就业岗位，从而形成缓解就业压力、提升社会生产效率、促进经济繁荣的良性发展路径。这种人才培养方向的调整，既是应对当前就业市场结构性矛盾的有效举措，也是实现教育服务社会发展功能的重要途径。

（二）高等教育发展的时代要求

各高等院校在发展历程与现实条件上存在差异，其教育宗旨与办学方向自然呈现出多元化态势，其人才培养的目标定位也必然有所不同。这种差异性不仅体现在办学定位层面，更深刻影响着人才培养的价值取向——理工院校侧重技术转化能力塑造，师范类高校深耕教育创新素养培育，财经类学府则聚焦商业思维锻造。产业迭代对人才培养规格的提出了更高的要求。如智能制造领域需要工程实践与数字技术兼备的复合型工程师，大健康产业呼唤医学素养与智能诊疗双优的医疗创新者，新文科建设则要求人文底蕴与技术思维融合的跨

界人才。在深化产教融合的实践维度，创新型人才培养正突破传统学科壁垒。采用面向真实问题场景教学模式，提升学生解决复杂问题的能力，从而适应时代变迁和产业发展的需求。

(三) 个体发展的个性化需要

全球化浪潮中，高等教育的价值坐标正在发生双重位移：既延续着职业功能的传统使命，更凸显出个人发展的时代内涵。在个体成长的过程中，其技能工具箱中不仅装载着职业选择的密钥，更沉淀着道德认知的砝码。这种打破工具理性桎梏的探索，实质是将职业准备与生命成长熔铸为有机整体。在新的历史阶段，教育的"美学需求"被赋予新的含义：在追求全面发展的历程中，人们越来越重视兴趣爱好的培养。除了学习必要的谋生技能，他们更加注重生命价值的实现。因此，高校培育应用型、创新型和复合型人才，不仅是对学生就业指导的必然回应，也是平衡个人利益、解决个体与教育发展之间矛盾的重要途径，同时更是推动个体社会化和自我发展的重要手段。

三、应用型、创新型、复合型人才培养重点

(一) 应用型人才培养重点

首先，为了满足专业领域的实际需求，应当积极推动新兴特色专业的建设。应用型大学应着眼于教育现代化的发展大局，紧密结合产业和社会的发展需求，致力于培养应用型人才。因此，高等院校必须以服务地方产业发展为宗旨，紧紧抓住政策机遇，充分利用自身优势资源，积极开展政府、行业企业与高校之间的沟通与协作，并根据实际需求加强新兴学科的专业化建设。同时，加强以专业特色、本科学历及社会需求为导向的专业群体构建，基于能力培养、实践应用和保障质量的原则，设计符合产业需求的课程内容，提升学生的专业技能水平，培养特色专业型人才。

其次，为了更有效地培育各类人才，应当强化实践教学环节。从培养目标的角度出发，应用型人才的培养应将能力提升作为首要任务。除了传授必要的基础知识外，高校还需特别强调对学生实践操作能力，即引导学生岗位适应能力的培养。高等院校应突出实践性教学的重要性，努力为学生打造卓越且多样的实训环境。教学过程中可采用真实项目驱动模式，将企业产品研发、技术升级等实际课题融入课程，通过案例分析、虚拟操作与实体演练的有机衔接，

促进学生知识转化。同时，校企协同育人中，将企业真实业务需求转化为毕业设计选题，真题真做，提升学生的实践能力。

最后，为了增强师资力量，应构建"双师型"教学体系。教师团队的素养与构成对于学校的教学质量有着至关重要的影响，同时也直接关系到所培养人才的品质与层次。在建设教师队伍的过程中，应用型本科院校应当致力于打造一个既具备深厚理论知识又拥有丰富教学经验和实践操作能力的"双师型"团队。一是改进和完善人才的选拔、引进及培训机制，从国内外吸引高端人才，并为来自相关行业和企业的理论教师提供实践教学能力的提升机会；二是优化兼职教师资源，主动吸纳一线的业界精英和高素质专才，将负责实践、实训和实习的指导教师纳入应用型教师队伍之中，从而有利于调整和优化教师团队的整体结构。

（二）创新型人才培养重点

首先，革新创新理念，培养创新意识。观念是行动的先导，而知识则是推动行动的重要力量。在当前"创新驱动发展"的战略背景下，高等院校的首要任务是革新教育理念，致力于培育具有创新精神的高素质人才。为了增强学生的思维能力，需注重培养其批判性思维与提问技巧，以期达到思维水平的提升与飞跃。对于学生而言，应自觉主动地拓宽视野，勤于思索，勇于提出疑问，并敢于探索。这是培养学生创新意识的核心所在。

其次，优化课程体系，探索创新的教学方法。课程设计需统筹行业需求、学校特色及学生发展规律，可以构建"基础必修＋专业精修＋素养拓展"的课程框架。基础学科教学应系统梳理学科核心概念，为专业课的学习打下扎实的基础，通过理论与应用的有机衔接夯实知识基础。创新型人才培养可采取双轨并进策略，一方面，整合校内外资源开发人工智能、新材料等前沿领域特色课程，另一方面建立校友协同机制，将产业经验融入教学设计。课程设置适当提高选修课比例，增设技术创新方法论、逻辑思辨等素养类课程，形成多元化课程供给体系。教学实施采用分层递进模式：低年级开展案例研讨与模拟实训，通过情境化教学培养基础能力；高年级实施校企联合项目制教学，由专业教师与企业导师共同指导真实课题研究，以递进式训练促进知识转化与创新能力培养。

最后，构建灵活且自由的学习环境，进一步激发学生的创新潜能。心理学研究表明，适度宽松的环境能有效激活个体的创造性思维：通过减少标准化考核压力，增加自主探索空间，有助于提升认知活动的深度与广度。教学场景方面，建立"弹性学习空间"，在保留传统教室功能基础上，增设跨学科研讨室、创客工坊等非正式学习场所。例如，将教学楼走廊改造为可随时进行小组讨论的开放式交流区，图书馆设置配备可视化工具的项目协作区，打破固定课桌对思维发散的物理限制。培养机制层面，允许学生在课程作业、科研项目中保留未达预期但具有启发性的探索记录。例如，在纺织织物设计课程中，对具有创新思路但存在技术缺陷的作品；在创业实训环节，创建校园创业园为学生提供创业实践的机会。

（三）复合型人才培养重点

一是推行跨学科教育模式。理工科专业可在保留主干课程体系的基础上，嵌入"科技伦理""工程美学"等人文类选修模块，例如，纺织工程专业增设"智能制造与社会变迁"研讨课，通过分析工业革命中的技术伦理案例，提升学生的人文思辨能力。实施过程中，可优化课程配置结构：在确保专业核心知识体系的前提下，适当增加跨领域选修课程比例。例如，允许计算机专业学生选修艺术设计类课程，支持文学专业学生研修生态科学导论类课程，通过知识结构的交叉拓展思维边界。教学组织可采用协同授课模式，由不同学科教师共同设计教学单元，如在技术创新类课程中，既讲授技术原理又探讨其社会应用价值。为保障教学有效性，建议建立跨学科课程动态调整机制：由教学委员会定期评估课程的知识整合度与实际成效，重点考查学生跨领域思维能力提升效果。同时完善选课指导体系，在开放选课权限时配套设置基础衔接课程，帮助学生建立必要的知识储备，确保跨学科学习的深度与系统性。

二是重视通识教育。通识教育为高层次的人才培养奠定了扎实的基础，避免高层次人才仅拥有顶尖的技术而缺乏基本的常识和逻辑，是从人的全面发展的角度出发，不仅仅是为了培养技术人才而局限在技术人才的专业上。当前，随着知识整合趋势的不断增强，各学科之间的交叉融合也越发紧密。因此，通识教育应当建立在专业架构的基础之上，科学设定人文、社会及自然科学课程的比重，坚持通识与专业教育的有机融合与统一。

第四章　纺织类本科人才培养三大质量标准

第一节　专业建设质量标准

随着高等教育大众化进程的深化，其质量建设已从院校发展诉求上升为国家战略重点，凸显出教育质量对国家核心竞争力的核心作用，也是教育强国背景下，高校如何在推进国家经济发展，为社会提供人才支撑的新课题。近年来，《全面提高高等教育质量若干意见》及《关于实施高等学校本科教学质量与教学改革工程的意见》中指出，高校聚焦本科教育核心环节，完善国家、省级、校级三级联动的质量评估体系。其中，推进国家教育质量标准制定与质量保障系统建设被列为重点工程，通过规范化的监测机制持续优化人才培养质量[68]。目前发布的专业教学质量国家标准，正成为高校优化专业建设的重要参照框架，为各学科人才培养提供基准规范。

一、专业建设质量标准的内容与实施
（一）专业建设质量标准内容

在高等教育体系中，专业建设的质量与成效是衡量其整体教育质量和水平的重要依据，是高等教育质量标准框架内最重要的一环。由于专业是课程体系、教学流程及各类教育活动的具象化展现，专业质量标准实质上为衡量教育资源配置、教学实施状况及人才培育成效的标尺与基准，融合了事实评估与价值评判的双重维度。从价值哲学的视角审视，这一标准深刻映射了社会对专业建设质量，特别是人才培育质量所秉持的核心价值导向与追求，搭建了专业内在价值与社会外部需求之间的桥梁，彰显了两者间的和谐共生关系。[69]

在制定校内专业质量标准体系时，学校需紧密契合专业人才培养目标的具体定位，该体系不仅是引领专业建设方向的根本规范，还是保障人才培养质量的核心策略，同时也是评估专业教学效能的关键标尺。通过这一体系的构建，能够实现对专业建设质量的动态、科学监控，确保对本科教育在资源投

入、实施过程及成果产出等关键环节的精准识别与深入分析。

（二）专业质量标准制定

高校的专业质量标准体系由两大支柱构成：一是专业教学质量标准，二是教学质量保障体系标准。前者是在国家与地方宏观标准框架内，经深入补充与精细化调整，形成的具有学校特色的专业教学质量准则；后者在围绕前者建立的确保其有效执行与目标顺利达成的所有保障性标准与措施。在构建专业教学质量标准之际，一要立足院校办学定位精准设计标准。需系统分析区域产业人才需求图谱与专业特色优势，如沿海高校物流专业可侧重国际航运标准培养，内陆院校则聚焦区域物流枢纽建设需求。培养目标设定需明确层次定位，应用型或者学术型，建立可量化评估指标。二要构建能力导向的培养体系。依据培养目标反向设计知识模块与课程结构，例如智能制造专业需系统整合机械设计、智能控制、工业互联网等知识单元，配套设置贯穿四年的项目化实训链。课程体系需建立与职业能力矩阵的映射关系，通过课程大纲明确每门课程支撑的核心能力培养点。质量保障体系建设应强化过程监控。依托院校现有教学管理架构，重点监控师资配置、实践条件、课程实施等关键环节。例如，建立专业建设动态调整机制，对连续两年就业对口率低于60%的专业启动课程重构程序；实施毕业生能力追踪评价，将企业反馈纳入培养方案修订依据。通过诊断改进机制持续优化培养过程，确保质量标准既体现规范引领，又保持动态适应性。

二、专业教学质量保障标准

专业教学质量保障标准可以确保专业教学质量标准的顺利实施，其作用体现在为专业建设与管理提供明确指导的同时，为自我评估与外部评估的提供重要依据。该体系通过明确师资配置、教学设施、培养方案及管理流程等关键指标，为专业建设提供可操作的执行框架。以纺织工程专业为例，其保障标准需着重解决两个层面问题。在师资建设方面，依据国家指导标准与专业特性制定实施细则。除学历、职称等基本要求外，特别强调教师的行业实践经验，如规定专业教师中具有纺织企业技术岗位经历的比例不低于40%。同时建立教师能力提升机制，通过校企技术合作、教学能力工作坊等途径促进双师型队伍建设。教学设施标准需与人才培养定位相匹配。根据纺织行业技术发展趋势，明确纺纱、织造、检测等实训设备的更新标准，例如，规定数字化纺织设备占比需逐年提升，确保实训条件与企业生产环境同步迭代。质量监控环节重点构建动态反馈机制。将培养方案执行效果、课程达标率、毕业生职业发展等指标纳入年度专业评估体系。通过定期开展用人单位满意度调查、在校生学习成效测评，形成"标准执行—质量监测—持续改进"的闭环管理。此外，注重促进教师可持续发展的手段与措施，为师资规划与建设、质量提升提供坚实依据。

在设施条件方面，标准规定了各类教学设施与资源的要求，特别关注资源的利用率以及新型媒体资源的建设与应用，为实验室、实验基地、产学研合作基础以及网络资源等的建设提供明确指导。专业建设质量标准包含两个核心层面：专业基础建设与教学建设。在专业基础建设层面，质量标准着重于培养目标的精准定位、培养方案对专业特色的彰显程度、师资队伍的建设与教师发展策略的有效性，以及专业改进机制的完备性，这些标准为专业的基本架构、课程体系构建以及实验体系建设提供了明确指导；而在教学建设层面，质量标准则细化了课程建设、教材选用、实践教学实施以及教学改革等方面的规范与要求，为学科专业和教师的相关建设工作提供了具体指导。

三、纺织工程专业质量标准案例介绍

纺织工程专业的质量标准秉持"以学生为中心、以产出为导向、追求持续改进"的理念，建立了全面的教育教学质量保障体系。该体系通过课堂教学评价，结合"三段式"常规教学检查与专项教学检查等多种方式，有效实施内部质量监控。以审核评估、专业认证和培养质量跟踪调查等手段实现外部质量评价，完善"评价—反馈—改进—跟踪"的质量保障体系，为提升人才培养质量保驾护航。

纺织工程专业质量标准的构建涵盖六个核心维度：目标质量、过程质量、管理质量、制度质量、设施质量、产出质量。此标准体系由三个层次构成，第一层次为统一必要性标准内容，该层次依据国家专业教学标准，明确规定纺织工程专业本科教学应达到的基本水平要求，这些要求具有强制执行性；第二层次兼顾地区特性和学校定位，确立具体的培养目标与规格，并在满足国家基本要求的前提下，着重强调应用型、创新型、复合型人才的培养特色进行设计；

第三层次则更深入地以学校定位为基础,同时紧密贴合本地区和行业特点,以及纺织类人才的需求特性进行构建,进行更为具体的设计,并提出更为明确和具体的要求。

(一)纺织工程专业人才培养方案

纺织工程专业以培养适应区域产业需求的复合型技术人才为目标,注重学生专业能力与职业素养的协调发展。毕业生将系统掌握纺织材料、工艺设计、生产管理等核心知识,具备从纤维加工到成品制造的全流程技术应用能力。针对长三角地区纺织产业升级需求,课程设置强化数字化纺织技术、绿色制造工艺等前沿领域,着重培养学生在产品质量管控、智能生产系统优化等方面的实践能力,使其能够在纺织企业胜任工艺创新、生产管理、贸易运营等多元化岗位需求。纺织科学与工程学院遵循学校的人才培养定位,并依据《绍兴文理学院关于制订2022版本科专业人才培养方案的指导意见》(绍学院办发〔2022〕16号)的相关精神,于2022年对本科人才培养方案进行了修订。经过广泛的调研和论证,纺织工程、轻化工程、服装与服饰设计等三个专业所拟定的培养目标与学校"应用型人才培养"的定位相符,既适应社会经济发展的需求,又体现学生德智体美劳全面发展的教育理念。2022版人才培养方案的修订工作中,纺织科学与工程学院按照"反向设计、正向施工"的路径,广泛听取相关利益方的意见,在制订培养目标时,考虑到社会经济发展和产业实际需求。基于这些培养目标,反向推导出毕业要求。为确保学生能够达到这些毕业要求,纺织科学与工程学院构建了一套课程体系,该体系既符合毕业要求,又达到了《普通高等学校本科专业类教学质量国家标准》规定的专业认证(评估)的相关要求。构建了以学为中心的课程教学体系和能力产出导向的教育评价体系[70],并以此为依据制订课程目标和教学大纲,从而保证人才培养目标的有效达成。要求人才能够针对纺织工程及其相关领域的复杂工程实际问题,根据生产现场提出纺织工艺设计、产品开发、过程管理、质量控制等相应环节的解决方案;能够跟踪纺织工程及相关领域的国内外前沿技术,分析研判行业发展趋势,拓展工程创新意识与提高创造能力,主动适应现代纺织工程技术的发展并不断提升自我能力,能够完成纺织新产品的设计开发或市场推广;具备健康的身心素质、团队合作精神、良好的沟通交流能力。

（二）人才培养质量达成度评价

人才培养质量达成度评价是教学质量保障的关键，是推动高质量教学落实到每一门课程、每一个专业、每一位毕业生的有效手段，是持续改进教学质量文化的有机组成部分。为深化新时代本科教育改革，推进专业内涵式发展，全面保障和提高人才培养质量，学院根据《绍兴文理学院关于加强本科教学质量保障体系建设的若干意见（试行）》（绍学院发〔2020〕52号）和《绍兴文理学院人才培养质量达成情况评价工作管理办法（试行）》（绍学院质评〔2020〕2号）文件精神，建立目标导向的教学质量评价系统，全面开展人才培养质量达成度评价工作。为规范该项工作的开展，促进人才培养质量持续改进，特制订以下实施细则。

1. 评价内容

人才培养质量达成度评价以"学生中心、产出导向、持续改进"为基本理念，围绕"三目标、三支撑"开展评价和改进，主要包括课程目标达成度评价、毕业要求达成度评价和人才培养目标达成度评价。

2. 评价机构和工作职责

纺织工程专业的人才培养质量达成度评价工作在学校教学质量评估中心的指导下周期性开展。为更好地开展人才培养质量达成度评价工作，兼顾专业和课程设置特点，成立教学工作委员会、专业人才培养质量评价小组（以下简称"评价小组"）和课程组三级评价机构，明确评价工作职责。

教学工作委员会：由学院院长、教学院长、各专业主任和副主任、实验室主任组成，为学院人才培养质量达成度评价工作的领导机构，负责部署和指导专业教学质量提升工作，决策和把关人才培养方案制订、课程体系构建、教学大纲制修订、毕业要求和人才培养目标达成评价情况。制订、论证学院人才培养质量评价的实施方案与工作机制，审查、分析毕业要求和人才培养目标的达成评价工作，向各专业评价小组反馈结果，提出问题和整改措施。

评价小组：由专业负责人和部分骨干教师组成，负责制订本专业的培养方案、课程设置、毕业要求和课程之间的支撑关系，确定各指标点支撑课程的权重值，制定毕业要求达成度评价方法；收集数据，组织实施毕业要求达成评价，撰写报告并提出持续改进要求。

课程组：由与课程内容相关联、具有一定功能特征课程群的任课教师组成，课程组负责组织任课教师制定教学大纲、开展教学、实施评价，在课程教学的全面审视与质量把控过程中，在工作中充分考虑了教学内容的丰富性与前沿性、教学方法的创新性与有效性、考核方式的公正性与全面性，以及课程目标达成度的精准评价与持续改进策略的科学性[71]，定期开展研讨、审核，针对任课教师提出问题和整改措施建议，向任课教师反馈审核意见。

专业应充分发挥专业建设指导委员会和校外兼职教授的作用，可以定期召开座谈会或邀请部分专家参加教研活动，参与指导和审核本专业人才培养质量评价过程和评价活动，提高评价有效性和合理性。

3. 评价规程

（1）课程教学目标达成度评价。课程教学目标达成度评价是教学质量监控的核心，也是持续改进的主要着力点，该评价是毕业要求达成度评价的基础，其可靠性和合理性决定着毕业要求达成度评价的合理性和可信度。

评价主体与责任人：课程教学目标达成度评价由课程组组织实施，课程组负责人为主要责任人。课程组负责审核教学方案和考核内容的合理性，以及达成度评价结果的审核与反馈。任课教师负责进行评价依据的收集与达成度评价计算，以及持续整改措施的落实与执行。

评价对象：理论和实践课程。

评价内容：课程目标与所支撑的毕业要求指标点的对应关系合理性；课程内容、教学方法是否有效支持课程目标实现；课程考核方式是否能够反映课程目标[72]的实现情况等。

评价依据：课程诊断性评价依据、形成性评价依据和总结性评价依据，包括学生满意度调查问卷、座谈会和督导等听课记录、线上线下课堂互动、作业、实验报告、考试以及大作业等。

评价方法：主要采用定量评价与定性评价相结合的方法，具体包括课程考核成绩分析法、学生问卷调查、座谈会等。[73]

评价周期：课程目标达成度评价每学年一轮，在每学期课程考核结束后进行。

评价工作流程：图4-1为评价工作流程示意图。

①课程教学方案和考核的合理性审查。课程组对任课教师制订的课程教学方案和考核方式进行合理性审查。课程教学方案包括教学内容、教学方法、

考核评价内容、评价方法等，主要审核教学内容、考核评价内容与课程目标关联性、评价方法的合理性。

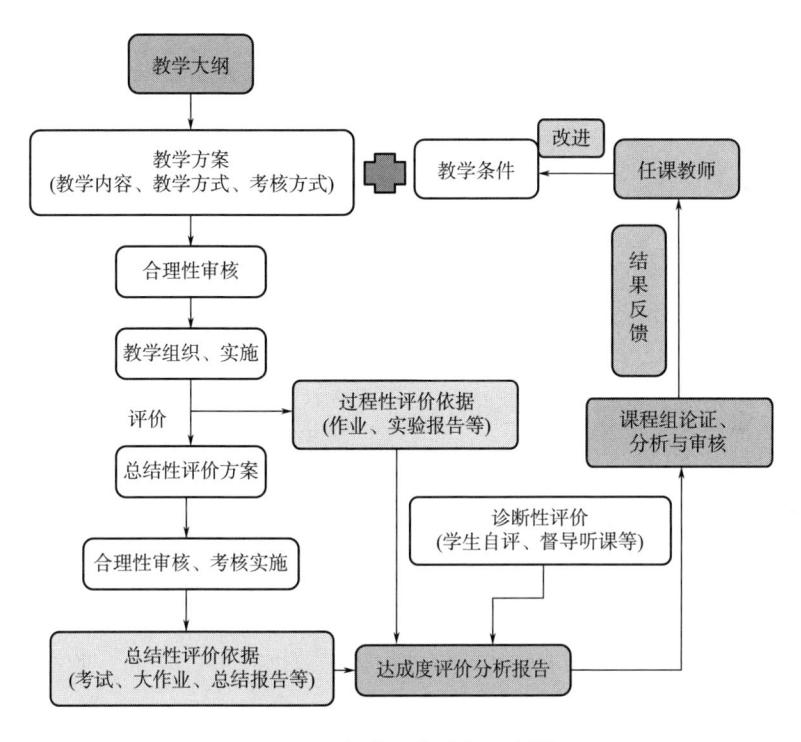

图4-1 评价工作流程示意图

②评价依据的收集、达成度计算。任课教师收集各类评价依据，包括诊断性评价、形成性评价和总结性评价等。诊断性评价包括调查、谈话和听课记录等，由任课教师和校院两级教学督导主导完成。形成性评价包括平时课堂互动观察、平时作业、课堂测试、实验报告、读书报告等。总结性评价包括期末考试、大作业、总结报告等。基于这些依据，对课程目标达成度进行定性分析和定量计算，获得相关达成度数据。

③达成度情况的分析与总结。任课教师对达成度数据进行分析对比和总结，对上年度持续改进、反馈问题的整改效果进行评价，查找新问题，提出持续改进的措施与方案建议，提交课程组审核。

④审核反馈和持续改进。课程组对任课教师完成的达成度评价报告进行论证、分析与审核，向任课教师反馈审核意见，明确存在的问题和持续改进的

方向，形成针对课程目标的"实施—评价—反馈—改进—再实施—再评价—再反馈—再改进"闭环式课程质量评价与持续改进体系。

（2）毕业要求达成度评价。毕业要求达成度评价机制作为衡量并判定专业人才培育成果——"出口质量"是否契合既定教育水准标准（即毕业标准）的关键保障机制，不仅是确保教育目标实现的必要环节，更是推动专业体系"持续改进"的基石性前提。[71]

评价主体：毕业要求达成度评价工作是由学院教学工作委员会来组织实施，由专业人才培养质量评价小组实施和达成评价。教学工作委员会负责审核课程体系与毕业要求之间支撑关系的合理性，以及审核毕业要求达成度评价报告和结果反馈。评价小组负责收集评价依据和达成评价，撰写毕业要求达成度分析报告，以及整改措施和方案的落实。

评价对象：应届毕业生。

评价内容：课程体系与毕业要求指标点之间的支撑关系合理性[74]；支撑课程的课程目标达成度是否有效支持毕业要求实现；学生的各项毕业能力是否有效达成。

评价依据：支撑课程目标达成度评价结果数据和来自应届毕业生和用人单位的调查结果数据。

评价方法：以内部评价为主，外部评价为辅。可根据需要采用定量或定性评价。定量评价一般采用课程考核成绩分析法；定性评价包括问卷调查法、学生访谈法等方式。

评价周期：毕业要求达成度评价每年进行一次。

评价程序：如图4-2所示。

①支撑关系合理性审核。由教学工作委员会对支撑课程的课程目标与毕业要求指标点是否关联进行审核，确立支撑课程的权重关系。

②数据和信息的收集。评价小组收集支撑课程的课程目标达成度评价结果数据，用于毕业要求达成定量评价。根据定性评价的工作流程和内容，向毕业生或毕业实习单位发放调查问卷，并收集进行相关数据的统计。

③实施评价和形成报告。评价小组根据毕业要求指标点课程支撑对应关系和权重，计算毕业要求的达成度，并进行评价分析。同时，通过统计和分析调查问卷数据信息，对毕业要求达成度进行定性评价。最后对定量

评价和定性评价的结果进行综合、对比分析，形成"毕业要求达成度评价报告"。

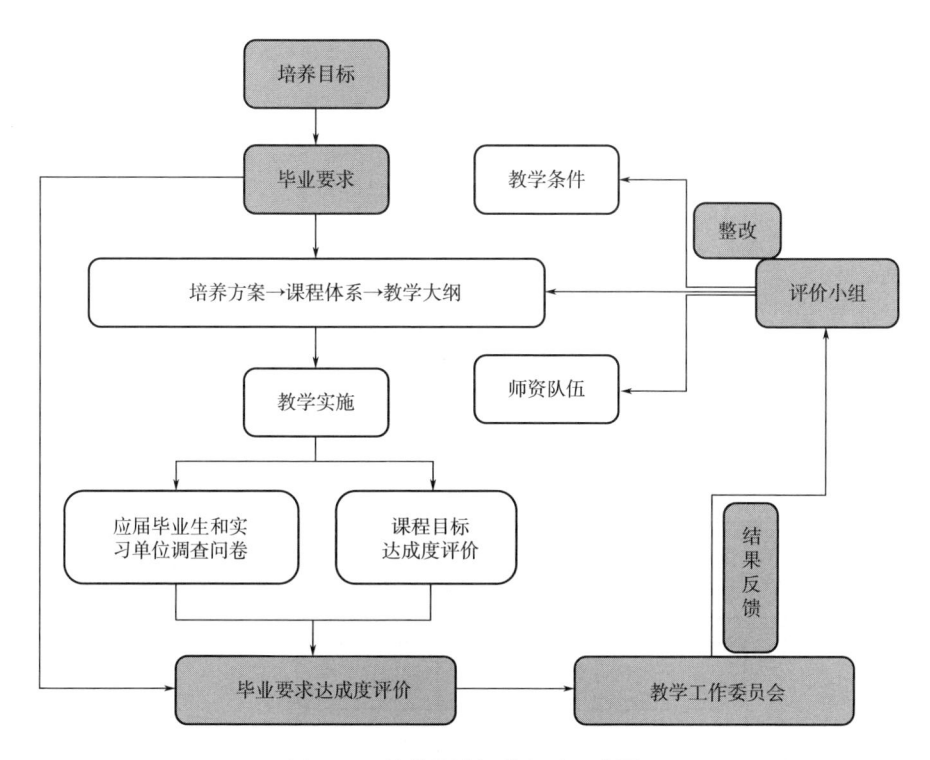

图 4-2 毕业要求评价程序示意图

④审核反馈和持续改进。教学工作委员会组织论证、分析，提出问题和整改措施，向评价小组反馈结果信息，评价小组组织课程组教师进行整改方案的制订和实施，包括课程设置、师资队伍结构、教学条件和资源等。形成"实施—评价—反馈—改进—再实施—再评价—再反馈—再改进"闭环式毕业要求达成度评价与持续改进体系。

（3）培养目标的达成度评价。培养目标的达成度评价直接反映出专业的人才培养质量，评价机制的建立与运行，有利于及时掌握培养质量信息，适时指导专业培养方案、课程体系的优化和师资队伍、办学条件的改善。

评价主体：由教学工作委员会主导，由第三方评价机构或专业人才培养质量评价小组实施。教学工作委员会审核评价方案的合理性和结果的审核与意见反馈，第三方评价机构或评价小组负责进行调查、数据统计分析和评价报告撰写，以及整改意见的实施。

评价对象：专业毕业五年的毕业生。

评价内容：专业毕业五年后的各项目标能力是否有效达成，对培养目标达成度进行总体判断。

评价依据：针对专业毕业五年的毕业生能力相关调查结果数据。

评价方法：主要采用外部评价，定期开展毕业生跟踪和用人单位、行业组织等利益相关方调查，具体方式包括问卷调查、访谈调查、咨询研讨、座谈会等。

评价周期：四年为一周期。

评价流程：如图4-3所示。

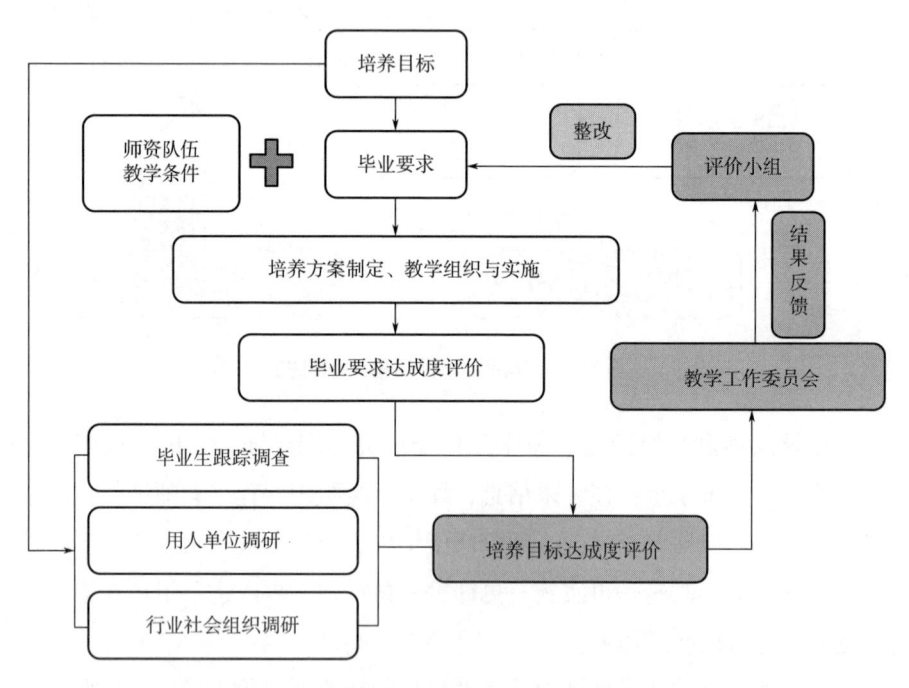

图4-3 人才培养目标和合理性评价流程示意图

①调研评价方案的合理性审核。教学工作委员会对培养目标调研评价方案进行合理性审核，主要关注跟踪调查拟收集的数据是否被合理设计，是否能够反映培养目标的达成情况。毕业生跟踪是否有足够的覆盖面，具有统计学意义。

②外部调研和数据统计分析。评价小组或第三方评价机构对专业毕业五

年的毕业生进行跟踪调研，同时也向用人单位、行业相关社会组织进行调研，获得一定样本数量的调研表。对调研表的信息进行统计和分析，撰写培养目标的评价总结报告，提交教学工作委员会审核。

③审核反馈和持续改进。教学工作委员会组织对培养目标达成情况报告进行论证、分析，提出问题和整改方向，并向评价小组反馈结果。评价小组以此为重要依据，在培养方案执行一轮后（一般为四年），组织课程组教师进行培养方案的修订，在此基础上修订毕业要求、课程体系，并对师资队伍和教学条件进行改善。形成"实施—评价—反馈—改进—再实施—再评价—再反馈—再改进"闭环式培养目标达成评价与持续改进体系。

（三）毕业生毕业要求达成情况

根据人才评价，以绍兴文理学院纺织工程专业2023届毕业生为例，对毕业生及其用人单位开展定性、定量问卷调查，从而进行毕业要求达成度分析。

1. 2023届毕业要求

见表4-1。

表4-1 毕业要求分解指标点

毕业要求	指标点
毕业要求1	1-1 能够将数学、自然科学和工程基础知识用于纺织工程专业领域工程问题的恰当表述
	1-2 能够针对纺织工程领域中的某一系统或过程等具体对象建立恰当的数学模型并求解
	1-3 能够运用自然科学、工程基础和纺织工程专业知识，采用数学模型方法对纺织工程专业领域的复杂工程问题进行设计与分析
	1-4 能够将自然科学、工程基础、纺织工程专业相关知识和数学模型方法应用于本领域工程问题解决方案的比较与综合中
毕业要求2	2-1 能够应用数学、自然科学和工程科学的基本原理，识别和判断纺织工程专业领域的复杂工程问题
	2-2 能够应用数学、自然科学和工程科学的基本原理和数学模型方法，正确表达纺织工程专业领域的复杂工程问题[75]
	2-3 能够认识到纺织工程专业领域的复杂工程问题有多种解决方案可供选择，并能够通过文献检索和分析获取可替代的解决方案
	2-4 能够运用纺织工程专业领域的基本知识和基本原理，借助文献研究，分析过程的影响因素，获得有效结论

续表

毕业要求	指标点
毕业要求3	3-1 能够根据市场需求，提出纺织工艺系统、流程以及产品关键指标的设计方案，分析关键环节和参数设置的影响作用
	3-2 能够综合考虑解决复杂纺织工程问题所涉及的经济、环境、法律、安全等制约因素，对设计方案进行可行性论证分析，获得优化的设计方案
	3-3 能够根据设计方案，完成设计的全过程，设计理念和设计过程体现创新性，并呈现设计成果
毕业要求4	4-1 能够根据科学原理及专业理论，针对纺织工程相关的各类现象、特性，选择研究路线，设计可行的实验方案
	4-2 能够选用或改进仪器、设备，基于实验方案构建实验系统，采用科学的实验方法，安全开展实验
	4-3 能够利用合适的仪器设备对对象进行测试，提取有效实验参数或数据，并能够对实验参数或结果进行合理分析和解释，通过信息综合得到有效结论[76]
毕业要求5	5-1 能够运用文献检索工具，获取纺织领域理论与技术的最新进展
	5-2 能够运用机械设计、工程制图等技术手段，表达和解决纺织工程中的设计问题，能够运用计算机辅助设计软件等工具，完成纺织工程问题的预测与模拟
	5-3 能够熟练运用现代纺织仪器设备，有效开展纺织工程问题的观察、测试及特性分析，并能理解其适用范围与局限性
毕业要求6	6-1 具有工程实习和社会实践的经历，客观了解纺织产业的现状与发展趋势
	6-2 了解与纺织工程专业相关的技术标准、知识产权、产业政策和法律法规，理解不同社会文化对工程活动的影响[77]
	6-3 能正确认识和评价纺织工程实践对社会、健康、安全、法律以及文化的影响，并理解从业者应承担的社会责任
毕业要求7	7-1 理解环境保护和可持续发展的理念和内涵
	7-2 能正确分析评价纺织工程实践对环境、社会可持续发展的影响[78]
毕业要求8	8-1 尊重生命、关爱他人，主张正义、诚实守信，具有人文知识、思辨能力、处事能力和科学精神
	8-2 理解社会主义核心价值观，了解国情，维护国家利益，具有建设祖国与服务社会的责任感[79]
	8-3 理解工程伦理的核心理念，了解纺织工程从业人员的职业性质和责任，具有法律意识，在工程实践中能自觉遵守职业道德和规范

续表

毕业要求	指标点
毕业要求9	9-1 具有团队合作意识，能够与其他学科的团队成员有效沟通，合作共事
	9-2 能够在团队中独立或合作开展工作，能够重视其他团队成员的意见，能组织、协调和指挥团队开展工作
毕业要求10	10-1 能够就纺织工程专业问题进行技术文件写作，撰写技术报告或设计文稿
	10-2 能够与业界同行及社会公众进行有效沟通和交流，通过口头或书面方式表达复杂纺织工程问题并回应指令
	10-3 能够比较熟练地阅读纺织专业的英文书刊资料，能够在跨文化背景下进行沟通、交流和合作
毕业要求11	11-1 理解并掌握纺织工程实践活动中涉及的工程管理与经济决策基本知识
	11-2 能够在解决纺织工程问题的规划、设计和实施中应用工程管理和经济决策知识
毕业要求12	12-1 能认识不断探索和学习的必要性，具有自主学习和终身学习的意识[78]
	12-2 具有终身学习的知识基础，了解拓展知识和能力的途径，掌握自主学习的方法

2. 2023届毕业要求达成定量评价

2023届学生毕业要求达成情况，见表4-2。

表4-2 2023届学生毕业要求达成情况定量评价结果

毕业要求	指标点	支撑课程	权重	达成值	指标点达成值	毕业要求达成值
1. 工程知识	1-1	高等数学（B）	0.3	0.665	0.7675	0.6980
		大学物理B	0.3	0.78		
		大学物理实验B	0.2	0.83		
		纺织材料学	0.2	0.84		
	1-2	高等数学（B）	0.4	0.665	0.6980	
		线性代数（理工）	0.3	0.77		
		概率统计（理工）	0.3	0.67		
	1-3	大学物理B	0.3	0.71	0.7170	
		工程力学	0.7	0.72		
	1-4	大学物理B	0.25	0.71	0.8060	
		织物组织学	0.25	0.87		
		非织造学	0.25	0.917		
		纺织工艺设计	0.25	0.727		

77

续表

毕业要求	指标点	支撑课程	权重	达成值	指标点达成值	毕业要求达成值
2.问题分析能力	2-1	纺织材料学	0.2	0.7	0.7958	0.7601
		纺织化学	0.2	0.908		
		工程力学	0.2	0.73		
		电工与电子技术	0.2	0.78		
		非织造学	0.2	0.861		
	2-2	纺织材料学	0.3	0.7	0.7601	
		纺织化学	0.3	0.867		
		非织造学	0.4	0.725		
	2-3	纺纱学	0.4	0.77	0.8240	
		毕业设计（论文）	0.6	0.86		
	2-4	纺纱学	0.2	0.68	0.7668	
		针织学	0.2	0.64		
		纺织工艺设计	0.3	0.824		
		毕业设计（论文）	0.3	0.852		
3.设计/开发解决方案能力	3-1	纺纱学	0.2	0.65	0.8046	0.8046
		织造学	0.2	0.75		
		针织学	0.2	0.77		
		纺织工艺设计	0.2	0.911		
		纺织工艺课程设计	0.2	0.942		
	3-2	染整概论（双语）	0.3	0.744	0.8434	
		纺织工艺课程设计	0.3	0.934		
		毕业设计（论文）	0.4	0.85		
	3-3	织物组织学	0.2	0.85	0.8192	
		针织学	0.2	0.67		
		纺织工艺课程设计	0.2	0.852		
		纺织专业综合实训	0.2	0.879		
		毕业设计（论文）	0.2	0.845		
4.研究能力	4-1	纺织材料实验	0.3	0.87	0.8662	0.8361
		纺纱学实验	0.2	0.86		
		织造学实验	0.3	0.924		
		针织学实验	0.2	0.78		

续表

毕业要求	指标点	支撑课程	权重	达成值	指标点达成值	毕业要求达成值
4. 研究能力	4-2	纺纱学实验	0.3	0.88	0.8361	0.8361
		纺织品检验实训	0.4	0.771		
		纺织专业综合实训	0.3	0.879		
	4-3	纺纱学实验	0.3	0.86	0.8541	
		纺织品检验实训	0.4	0.855		
		纺织专业综合实训	0.3	0.847		
5. 使用现代工具的能力	5-1	纺织导论	0.3	0.83	0.8172	0.7587
		非织造学	0.3	0.742		
		毕业设计（论文）	0.4	0.864		
	5-2	大学计算机	0.2	0.68	0.7587	
		工程图学	0.3	0.82		
		机械设计基础	0.2	0.61		
		毕业设计（论文）	0.3	0.849		
	5-3	纺织材料实验	0.2	0.87	0.8653	
		纺织品检验实训	0.3	0.887		
		纺织专业综合实训	0.2	0.836		
		毕业设计（论文）	0.3	0.86		
6. 工程与社会意识	6-1	认识实习	0.4	0.848	0.8792	0.8132
		毕业实习	0.6	0.9		
	6-2	纺织材料实验	0.2	0.77	0.8132	
		纺织标准与检测	0.4	0.85		
		纺织品质量控制与生产管理	0.4	0.798		
	6-3	工程基础化学	0.2	0.7	0.8570	
		染整概论（双语）	0.2	0.857		
		纺织工艺课程设计	0.2	0.908		
		毕业实习	0.4	0.91		
7. 环境和可持续发展意识	7-1	大学生职业发展与创就业指导	0.3	0.872	0.7726	0.7265
		工程基础化学	0.7	0.73		
	7-2	工程基础化学	0.3	0.62	0.7265	
		纺织化学	0.4	0.743		
		染整概论（双语）	0.3	0.811		

续表

毕业要求	指标点	支撑课程	权重	达成值	指标点达成值	毕业要求达成值
8. 职业规范	8-1	思想道德修养与法律基础	0.3	0.85	0.8404	0.8008
		形势与政策	0.5	0.824		
		心理与健康	0.2	0.867		
	8-2	中国近现代史纲要	0.2	0.78	0.8008	
		毛泽东思想概论和中国特色社会主义理论体系概论	0.3	0.78		
		马克思主义基本原理	0.3	0.82		
		形势与政策	0.2	0.824		
	8-3	思想道德修养与法律基础	0.2	0.83	0.8210	
		认识实习	0.3	0.828		
		纺织品质量控制与生产管理	0.2	0.668		
		毕业实习	0.3	0.91		
9. 个人与团队	9-1	军事理论与军训	0.4	0.8	0.81155	0.80045
		体育	0.3	0.8215		
		纺织品检验实训	0.3	0.817		
	9-2	军事理论与军训	0.4	0.8	0.80045	
		体育	0.3	0.8215		
		织物组织学	0.3	0.78		
10. 沟通能力	10-1	纺织品设计	0.3	0.76	0.8223	0.7950
		毕业设计（论文）	0.7	0.849		
	10-2	大学生职业发展与创就业指导	0.2	0.872	0.8696	
		毕业设计（论文）	0.4	0.838		
		毕业实习	0.4	0.9		
	10-3	大学英语 A	0.5	0.69	0.7950	
		纺织专业英语	0.5	0.9		
11. 项目管理	11-1	纺织工艺课程设计	0.5	0.949	0.9045	0.6990
		毕业实习	0.5	0.86		
	11-2	纺织工艺课程设计	0.5	0.538	0.6990	
		毕业实习	0.5	0.86		

续表

毕业要求	指标点	支撑课程	权重	达成值	指标点达成值	毕业要求达成值
12.终身学习	12-1	大学计算机	0.3	0.9	0.8600	0.7850
		大学英语A	0.3	0.82		
		毕业设计（论文）	0.4	0.86		
	12-2	大学计算机	0.2	0.8	0.7850	
		大学英语A	0.2	0.89		
		纺织材料学	0.3	0.76		
		纺织专业英语	0.3	0.73		

3. 2023届毕业要求达成定性评价

（1）2023届毕业生毕业要求达成定性评价。2023届毕业生结合自身评价与毕业要求达成情况，根据设计的调研问卷，对毕业生的调查项目包括"工程知识""问题分析能力""设计/开发解决方案能力""研究能力""使用现代工具的能力""工程与社会意识""环境与可持续发展意识""职业规范""个人与团队""沟通能力""项目管理""终身学习"12个主要指标[80]进行满意度调查。发放学生调查问卷50份，收到有效问卷50份，回收率达100%，问卷调查结果与达成度值见表4-3。

表4-3　问卷调查结果与达成度值　　　　　　　　　　单位：%

毕业要求	完全达成（5分）	达成（4分）	基本达成（3分）	不达成（2分）	完全不达成（1分）	毕业生自评（达成度值）
1.工程知识	30	50	20	0	0	82
2.问题分析能力	34	50	16	0	0	83.6
3.设计/开发解决方案能力	32	54	14	0	0	83.6
4.研究能力	32	54	14	0	0	83.6
5.使用现代工具的能力	30	56	14	0	0	83.2
6.工程与社会意识	38	48	14	0	0	84.8
7.环境与可持续发展意识	36	52	12	0	0	84.8
8.职业规范	44	44	12	0	0	86.4

续表

毕业要求	完全达成（5分）	达成（4分）	基本达成（3分）	不达成（2分）	完全不达成（1分）	毕业生自评（达成度值）
9.个人与团队	36	50	14	0	0	84.4
10.沟通能力	38	52	10	0	0	85.6
11.项目管理	32	52	16	0	0	83.2
12.终身学习	44	46	10	0	0	86.8

如表4-3所示，2023届毕业生对毕业要求1~12的达成情况基本满意，30%以上的毕业生对毕业要求的达成情况很满意。同时，2023届毕业生自评（达成度值）均在82%以上。

（2）用人单位对2023届毕业生毕业要求达成定性评价。从用人单位角度对我校2023届纺织工程学生毕业要求达成情况进行分析，根据设计的调研问卷，对用人单位性质、提供实习岗位进行统计分析，同时用人单位对毕业生达成本专业总体毕业要求满意情况及针对毕业要求指标点的达成情况进行定性评价。毕业生共50人，收回用人单位对2023届学生毕业要求达成情况调查有效问卷28份。

①实习单位基本资料调研与统计分析。如图4-4所示，2023届学生实习单位主要集中绍兴、杭州、宁波、温州地区，分别占78%、12%、8%、2%。这些地方纺织行业发达，且距离学校近，方便学生毕业实习和开展毕业论文等工作。如图4-5所示，实习单位性质主要为民营企业、国有企业、事业单位三大类，分别占75%、21.43%、7.14%。由此可见，民营企业是我校纺织工程专业毕业实习的主要场所。

如图4-6所示，实习单位给我校2023届纺织工程学生提供的实习岗位主要集中在产品设计开发、工艺设计开发、品管检测、贸易/销售和企业/行政管理，分别占有21.82%、12.73%、25.45%、29.09%和10.91%。由此可见，今年纺织行业对人才需要主要集中在研发工程师、质检员、贸易销售等岗位。

②实习单位对学生毕业要求达成情况评价。如图4-7所示，100%的实习单位对我校学生达成本专业总体毕业要求均在基本满意及以上，同时非常满意

和满意共占 96.43%。

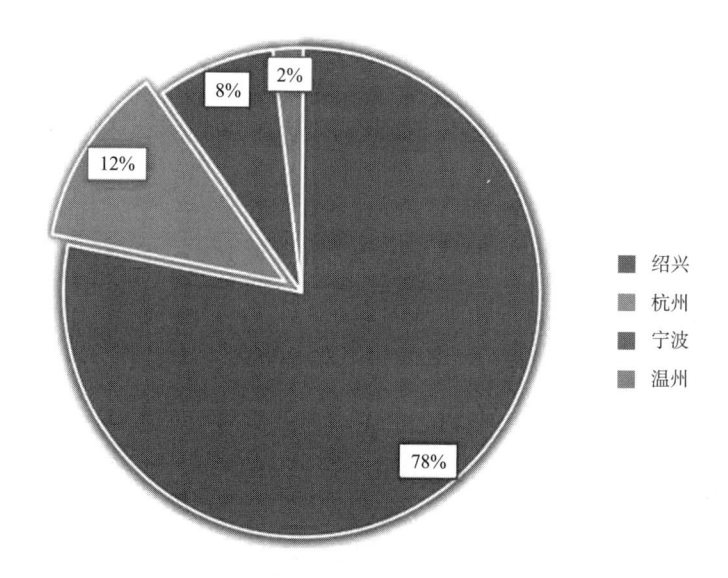

图 4-4 实习单位分布情况

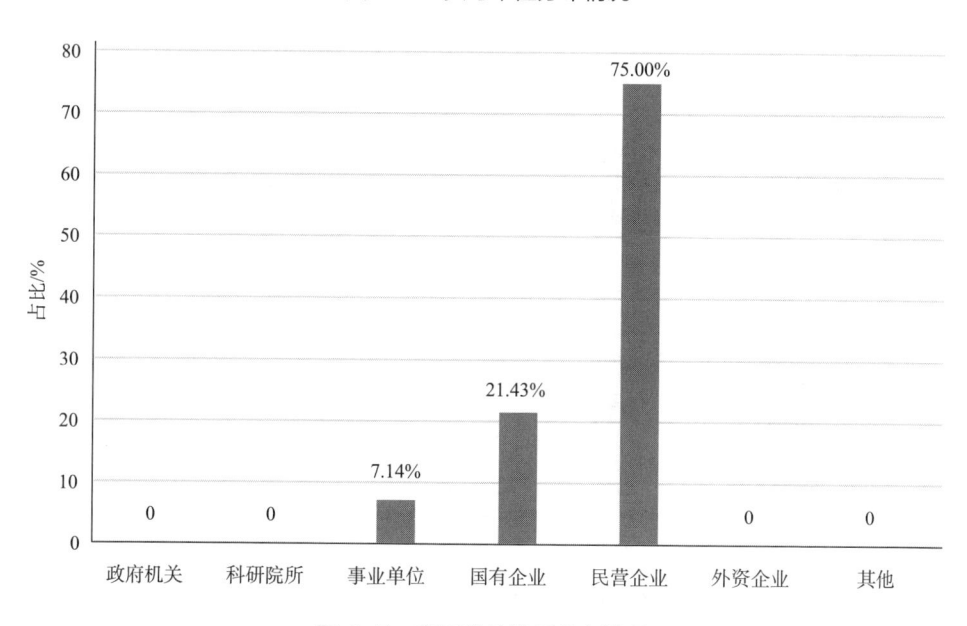

图 4-5 实习单位性质分布情况

通过分析表 4-4 的统计结果可知，实习单位对学生毕业要求达成情况评价总体描述及根据专业毕业要求各指标点。对学生达成情况的评价调研显

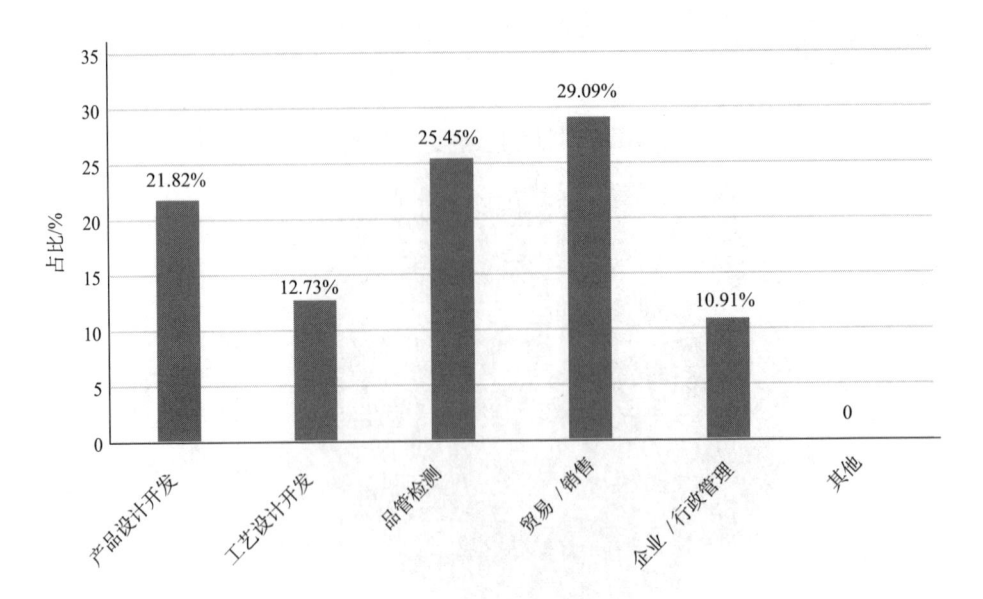

图 4-6　实习单位提供实习岗位类型分布

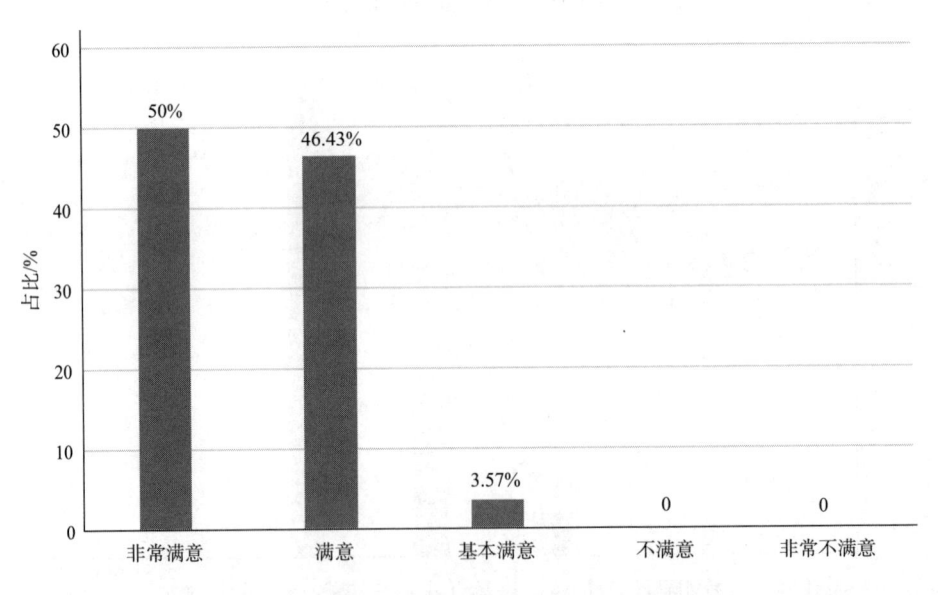

图 4-7　实习单位对学生总体毕业要求满意度

示，实习单位对学生达成本专业总体毕业要求表示"非常满意"与"满意"的人数占调查总实习单位的 96% 以上，"基本满意"的人数占比较少，"不满意"与"非常不满意"的人数为 0，且最终综合评定的各项合理性评价结果值较高，已超过96%。充分说明：实习单位对我校2023届毕业生毕业要求达成总体认同度较高，我校纺织工程专业毕业要求满足经济与社会发展需要。

表4-4 实习单位对学生毕业要求达成情况评价 单位：%

毕业要求观测项	非常满意（5分）	满意（4分）	基本满意（3分）	不满意（2分）	完全不满意（1分）	达成度值
1.工程知识	42.86	42.86	14.28	0	0	85.72
2.问题分析能力	57.14	32.14	10.72	0	0	89.28
3.设计/开发解决方案能力	42.86	46.43	10.71	0	0	86.43
4.研究能力	42.86	42.85	14.29	0	0	85.72
5.使用现代工具的能力	57.14	28.57	14.29	0	0	88.57
6.工程与社会意识	57.14	28.57	14.29	0	0	88.57
7.环境和可持续发展意识	53.57	39.29	7.14	0	0	89.29
8.职业规范	60.71	32.15	7.14	0	0	90.71
9.个人和团队	57.14	35.72	7.14	0	0	89.99
10.沟通能力	57.14	35.72	7.14	0	0	89.99
11.项目管理	50.00	35.71	14.29	0	0	87.14
12.终身学习	53.57	39.29	7.14	0	0	89.29

4. 2023届毕业要求达成总体综合分析

本专业2023届毕业生的12项毕业要求大部分能达到0.7的标准。问卷调查结果表明，2023届毕业学生对毕业要求1~12的达成情况基本满意，30%以上对毕业要求的达成情况很满意。同时，2023届毕业要求达成定性评价达成度值（毕业生自评）在82%及以上。实习单位对学生总体毕业要求达成中"非常满意"与"满意"的人数占被调查总实习单位的85%以上，充分说明实习单位对本专业2023届毕业生毕业要求达成总体认同度较高。

第二节　课程建设质量标准

课程作为学校教育的基石，不仅是教师教授和学生学习的根本参考，同时也是确保教育目标得以实现的重要保障和质量管理与评价的基本对象，对于人才培养起着举足轻重的作用。基于课程的功能地位，课程建设应遵循教育教学的基本规律，为确保每门课程对人才培养目标达到较高的达成度，打造有深度、有难度、有挑战性的一流课程（金课）。

一、课程质量评价定性标准
（一）课程理念
践行立德树人、全面发展的理念，立足学生成人成才目标，充分发挥教书育人功能，坚持正确的价值引领，激发学生的学习内在动机，突出课程思政和素质教育，融社会主义核心价值观和中华优秀传统文化于教育教学内容和过程。

（二）教学团队
任课教师均具备主讲教师资格，且在主讲教师队伍中，具有高级职称和博士学位的教师占比较高。此外，教学团队还拥有校级及以上级别的学术骨干、学科或专业带头人，以及享誉教学界的教学名师和教坛新秀。专业教师积极承担各级各类科研课题，出版众多学术专著并发表大量学术论文；在师德师风、教学及科研等多个领域均荣获多项高级别奖项；教师队伍年龄结构合理，且众多教师积极参与继续教育，不断提升专业素养。

（三）教学研究
在科学研究方面，有省级教育科学科研立项项目，有省市校级教学成果奖，有高级教研论著；在教改、课改方面，有校级以上教改、课改立项项目；在课程教学内容、教学方法及课程考核等诸多方面进行了显著的改革，成果丰硕，如在学术期刊上公开发表了大量高质量教改论文等。

（四）教学大纲
课程教学目标与人才培养目标之间保持了高度的一致性，两者之间的映射关系清晰明确。课程在人才培养中的功能定位清晰明确,坚持价值、知识、能力和素质的有机统一,融先进性和实用性为一体;教学内容选择符合专业要求、学科规律和认知规律,体现了教学的高阶性,挑战度设置合理;教学方法体现以学生为主体;课业考核设计科学严格。

(五)教学资源

在教材选用方面,坚持质量优先原则,重点选用教育部规划教材及省级优秀获奖教材。同时建立配套教学资源库,整合行业技术标准、企业案例集等辅助材料,形成与课程目标相匹配的立体化教学资源体系。以纺织材料学课程为例,除主教材外,配备纺织新材料研发案例库、纤维检测操作视频等实践性学习资料,通过多元化的教学资源支撑学生理论知识学习与工程实践能力培养的有机衔接。

(六)教学条件

教学设备配置注重实用性与先进性,各类仪器均能覆盖专业核心课程需求。实验课程开设率达到教学计划要求,专业实验室配备完整的纺纱、织造、检测等实训设备,其中数字化纺织设备占比超过60%。学校建有稳定的校企合作实习基地,涵盖纺织材料研发、智能生产管理等多个实践模块,确保学生能接触行业主流技术装备与生产工艺流程。

(七)考核评价

注重过程性、多元化考核,分值占比符合学校规定。终结性考核采用科学实用的试题库命题,试卷符合教学大纲要求,覆盖所有课程目标,有一定数量的开放性试题,有一定难度,参考答案科学合理,判卷精准严格,复核审核严肃认真,成绩呈正态分布。注重考试结果的分析与信息反馈机制,及时地对教学内容和教学方法进行改进与优化。

(八)课程管理

严格执行学生学习管理制度,保证教学过程材料完整可回溯,教学过程材料和学生学习相关材料(如教案、教学设计、试卷及试卷分析报告、教学反思、学习分析等)丰富齐全,且保管规范。

(九)教研活动

定期开展教研活动,及时研究和解决课程中教与学存在的问题,有活动计划和活动记录,教研活动对提高教学效果作用明显。

（十）质量评价

对课程目标、教学内容、教学方法及考核办法等开展经常性的评价，有针对课程评价的改进方案，形成课程质量的循环改进提升机制。在课程教学的评价过程中，超过90%的在校生选择了满意或比较满意作为评价。

二、课程质量评价量化标准案例介绍

在课程质量定性评价的基础上，对所有评价进一步量化，以绍兴文理学院为例，对课程质量评价量化标准进行详细介绍（见表4-5）。

表4-5 绍兴文理学院课程质量评价量化标准

一级指标	二级指标	评价标准[①] A	评价标准 C	状态分值/分	评价等级 A	B	C	D	备注
1.师资队伍	1.1队伍结构	①高级职称教师所占比例≥50%[②]	高级职称教师所占比例为30%~40%	3					根据学科专业特点和实际情况可进行适当调整
		②45岁以下具有研究生学历的教师所占比例≥60%	45岁以下具有研究生学历的教师所占比例为≥40%~50%	3					
		③年龄结构合理，形成梯队	年龄结构基本合理	2					
		④有研究生导师或省级学术骨干学科带头人或省级专业技术拔尖人才	有校级学术骨干或学科带头人或专业带头人或教学带头人	3					
	1.2主讲教师情况	任课教师全部具备主讲教师资格。教授为本科生授课比例≥95%	任课教师基本具备主讲教师资格。教授为本科生授课比例≥85%~90%	3					
	1.3教学研究	①在近两次教学成果评奖中曾获省级及以上奖	在近两次教学成果评奖中曾获校级奖	3					
		②有省级及以上教育科研立项项目，或有省级及以上教改、课改立项项目	有校级教育科研立项项目，或有教改、课改立项项目	3					
	1.4学术水平	①参加校级及以上科研项目，出版学术专著的人数占任课教师总数的比例≥30%	参加校级及以上科研项目，出版学术专著的人数占任课教师总数的比例为10%~20%	4					

续表

一级指标	二级指标	评价标准① A	评价标准① C	状态分值/分	评价等级 A	B	C	D	备注
1.师资队伍	1.4 学术水平	②近三年发表学术论文权威期刊1篇，或一级期刊2篇，或近三年人均发表学术论文（C刊）1篇	近三年人均发表学术论文1篇	3					根据学科专业特点和实际情况可进行适当调整
	1.5 教学水平	有省级及以上教学技能竞赛获奖，有校级以上教学名师、教坛新秀，并发挥了良好的传帮带作用	有校级教学技能竞赛获奖，有校级教学优秀奖	2					
	1.6 师资培养	教师后续教育（含助教进修班、研究生课程进修班、硕士生、博士生、国内外访问学者等）人数占70%以上	教师后续教育（含助教进修班、研究生课程进修班、硕士生、博士生、国内外访问学者等）人数占50%~30%	3					
2.教学条件	2.1 教学大纲	课程目标体现立德树人、全面发展的理念，且与课程内容的结合点恰当；与人才培养目标映射关系明确；覆盖价值、知识、能力和素质四个维度；指向学生应知应会，表述清晰，达成度可测量和评估；体现高阶性，挑战度设置合理。根据课程目标选择课程内容，其深度广度科学合理，能跟踪学科前沿和社会发展需求。学业评价覆盖所有课程目标，评价形式多元，体现表现性评价和形成性评价理念	课程目标未明确体现立德树人、全面发展的理念，且与课程内容的结合点不够契合；与人才培养目标映射关系不够明确；覆盖价值、知识、能力和素质四个维度不够全面；指向学生应知应会的表述不够清晰，达成度可测量性不强；体现高阶性不够明显挑战度设置不够合理。基本能根据课程目标选择课程内容，其深度广度较为科学合理。学业评价基本能覆盖所有课程目标，评价形式比较单一，基本能体现表现性评价和形成性评价理念	4					
	2.2 教材	选用教育部、省教育厅推荐教材或获省级以上教材奖教材	使用达到省级水平的教材	5					
	2.3 教学参考资料	图书馆、资料室有与本课程密切相关、配套齐全的教学参考资料，教学资源丰富多样（多媒体、网络课程、虚拟仿真等），具有科学性和时代性	有基本齐全的、与本课程密切相关的教学参考资料	2.5					

续表

一级指标	二级指标	评价标准① A	评价标准① C	状态分值/分	评价等级 A	B	C	D	备注
2.教学条件	2.4 教学设备及手段	教学仪器设备、教具先进齐全，便于使用，能够满足教学需要，实验开出率达100%	教学仪器设备、教具齐全，理科实验开出率达90%~95%	4.5					根据学科专业特点和实际情况可进行适当调整
	2.5 教学场所	有足够、条件良好的教学教研场所及必要且固定的实习实践基地	有基本的教学教研场所及必要的实习实践基地	3					
3.教学状态	3.1 教学过程材料	教学设计、教学资料、教学反思、学习分析等教学过程材料完整、丰富、可回溯，可如实反映课程运行实况和效果	教学设计、教学资料、教学反思、学习分析等教学过程材料基本完整，基本能反映课程运行实况和效果	3					
	3.2 教研活动	每两周进行一次教研活动，有活动计划和活动记录且效果明显	教研活动基本正常开展	3					
	3.3 教学改革	①有完整、系统的课程思政实施方案，且实施效果好	有课程思政实施方案，且实施效果较好	2					
		②有明显的教改规划，得力的教改措施	有教改规划和相应的措施	2					
		③在教学内容、教学方法、课程体系等方面改革效果明显，并有公开发表的论文或科学总结	在教学内容、教学方法、课程体系等方面改革效果比较明显	2					
	3.4 教学辅助环节	课后辅导及时、作业适量、批改认真，根据教学需要广泛开展第二课堂活动，且开展效果好	能进行课后辅导，认真批改作业，能根据教学需要开展第二课堂活动	2.5					
	3.5 命题及考试	①采用科学实用的题库命题	正筹建题库或有20套试卷以上的试卷库（新开课程应有试题库）③	3					

续表

一级指标	二级指标	评价标准①		状态分值/分	评价等级				备注
		A	C		A	B	C	D	
3.教学状态	3.5命题及考试	②认真组织考试保证考纪严明，无作弊现象，有考试分析及信息反馈	能认真组织考试保证考纪严明，有考试分析及信息反馈	3					根据学科专业特点和实际情况可进行适当调整
4.教学质量	4.1质量评估	课堂教学质量评价（学生评教、督导评教、同行评教）达到优秀的教师比例≥30%	课堂教学质量评价（学生评教、督导评教、同行评教）达到良好以上的教师比例为10%~20%	8					
	4.2学生反馈	在校生对该课程教学表示满意和较满意的百分比≥90%④	在校生对该课程教学表示满意和较满意的百分比为70%~80%	8					
	4.3抽测成绩	该课程抽测平均成绩超过期望值10分⑤	该课程抽测平均成绩达到期望值	9					
	4.4教学档案管理	教案、作品、试卷及试卷分析报告、教学总结、成绩册（含平时成绩记录）等文件和资料保存完整齐全，且管理规范	教案、作品、试卷及试卷分析报告、教学总结、成绩册（含平时成绩记录）等文件和资料保存基本完整，管理较为规范	3					

①在评价标准中，只给出A级和C级标准，介于A级和C级之间即为B级，低于C级标准即为D级。
②非通用语种专业（指朝鲜语、印度尼西亚语、泰语、意大利语、葡萄牙语、捷克语、土耳其语、波兰语）的专业课程，参照《普通高等学校本科专业类教学质量国家标准》，用"具有硕士、博士学位教师比例≥50%"替代A级指标，用"具有硕士、博士学位教师比例≥30%~40%"替代C级指标。
③开设5轮（含5轮）及以下的课程为新开课程。
④在校生对课程建设质量满意程度的调查，按满意、较满意、一般、不满意四种程度设计调查表。
⑤抽测由评价组命题、阅卷。

评价结果采用等级呈现，公式为 $V=aA+bB+cC+dD$。在这个公式中，A、B、C、D 各自代表四个不同的评价等级：优秀、良好、合格与不合格。各等级对应的赋分为：A级100%，B级80%，C级60%，D级10%。其中，a、b、c、d 分别代表A、B、C、D四个等级的状态分值总和。评价等级是通过计算状态分值总和来确定的，且这些总和会按照数值大小从高到低进行排序。在评价过程中，被评为优秀的课程比例不超过总课程数的30%，良好等级的课程比例不超过50%，而合格与不合格等级的课程比例则各自不应超过总课程数的20%。

三、纺织工程专业课程评价实践案例介绍
（一）课程目标

"纺纱学"是纺织工程专业主干课程之一，是纺织工程专业学生从事纺纱工艺设计、生产管理、产品质量控制、新型纺织品设计开发以及纺织品贸易的专业基础。本课程首先以环锭纺纱技术讲解为基础，再引入环锭纺新技术和新型纺纱技术等内容，重点对环锭纺、环锭纺新技术和新型纺纱的成纱过程、纺纱工艺及纱线质量控制进行讲解，见表4-6、表4-7。

课程目标1：能够运用数学、物理等知识解释成纱机理和纺纱过程，用于纺纱原料选配、纱线加捻与成纱过程的稳定控制，以及新型纺纱可纺性改善等解决方案的比较和综合。

课程目标2：能够基于不同纺纱的设备构造特点、纤维材料基本知识，不同系统纺纱技术的成纱工艺流程、成纱原理、成纱工艺等基础知识，准确识别、判断在纱线开发、生产各道工序中对纱线可纺性、成纱结构和性能影响的关键环节。

课程目标3：能够运用纺纱技术原理或数学模型方法，发现并较准确清晰地描述、表达在纺纱过程及成纱质量控制中的相关复杂工程问题。

课程目标4：针对纱线产品开发所涉复杂工程问题，能够从纺纱技术选择、关键成纱部件选用、工艺参数设计、纱线结构设计和纱线质量控制等方面提出可供选择的解决方案，并借助科技文献检索和分析，能够寻找、提供可替换的方案。

课程目标5：能够综合运用纺纱原理和基本知识，结合文献研究，分析纱线产品开发过程中纤维种类、纺纱工艺等参数对纱线结构、质量及其性能的影响，并获得有效结论。

表 4-6 课程目标对毕业要求的支撑关系

毕业要求指标点	课程目标	权重
能够将自然科学、工程基础、纺织工程专业相关知识和数学模型方法应用于工程问题解决方案的比较与综合	课程目标1	0.20
能够根据数学、自然科学、工程科学、纤维材料及制品的结构与性能的关系，纺织品设计与制备等基本原理，识别和判断纺织工程领域复杂工程问题的关键环节	课程目标2	0.15
能够根据数学、自然科学、工程科学等相关科学的基本原理和数学模型方法，正确表达纺织工程领域的复杂工程问题	课程目标3	0.20
能够认识到纺织工程领域的复杂工程问题有多种解决方案可供选择，并能够通过文献检索和分析获取可替代的解决方案	课程目标4	0.20
能够运用数学、自然科学、工程科学、纺织工程专业领域的基本知识和基本原理，借助文献研究，分析过程的影响因素，获得有效结论[81]	课程目标5	0.25

表 4-7 课程考核内容与课程目标的支撑对应关系

序号	教学内容	基本要求及重、难点（含德育要求）	学时	教学方式	对应课程目标
1	纺纱概论	基本要求：了解纺纱在纺织工业及纺织品研发中的地位；掌握纺纱的基本原理，纺纱加工的工艺系统（线上），纱线的基本指标 重点：纺纱在纺织工艺流程中的重要性；纺纱的工艺流程 德育要求：通过纺纱技术发展史介绍，阐述唯物史观，培养学生的哲学思维与素养	2 + 线上 2（不计入学分）	线上线下	课程目标2
2	纤维原料初加工与选配	基本要求：熟悉天然纤维的初加工目的及方法；掌握在天然纤维、化学纤维的纯纺和混纺中的原料选配目的和搭配原料的混合技术；掌握选配混合的计算方法（线上+线下） 重点：纺纱原料的初加工方法；选配棉的方法及原料混合中的相关计算方法 难点：原料选配中分类、选配的实施 德育要求：以原料选配为切入点，阐述团队协作、优势互补的重要性，培养学生团队协作精神	3 + 线上 2（不计入学分）	线上线下	课程目标1、2、3、4、5
3	梳理前准备（开清棉工序）	基本要求：熟悉原料开松、除杂的目的和方法；掌握开清棉工序机器配置和各机器开松、除杂的方法，以及开松、除杂效果的评	3	集中讲授	课程目标2、3、4、5

续表

序号	教学内容	基本要求及重、难点（含德育要求）	学时	教学方式	对应课程目标
3	梳理前准备（开清棉工序）	价方法；掌握各机器设备开松除杂的基本原理及各工艺参数对开松、除杂的影响规律 重点：各机组对原料的开松、除杂作用及主要的影响因素；针对纤维特点分析气流除杂和机械除杂 难点：机件间的配置参数对原料开松、除杂的影响，以及打手室内气流的分布规律对开松、除杂和落物控制的影响	3	集中讲授	课程目标2、3、4、5
4	梳理（梳理工序）	基本要求：熟悉梳理机的种类及工艺过程和梳理目的、任务；掌握相邻两针面间的作用原理及梳理机中负荷的种类及分配；掌握梳理机对原料均匀混合的作用；掌握梳理机上纤维的梳理、除杂、均匀、混合作用和影响因素分析，以及梳理机主要工艺参数对分梳、除杂效果的影响规律 重点：梳理机的梳理及混合均匀作用；梳理机主要工艺参数对梳理、除杂效果的影响 难点：梳理机中纤维负荷和分配、转移对混合均匀作用的影响以及各工艺参数的选择及其对分梳、除杂的影响	4	集中讲授	课程目标2、3、4、5
5	精梳	基本要求：熟悉精梳工序的目的、任务及精梳机的种类；掌握精梳机组成及工艺过程，精梳前准备设备及工艺道数的选择；掌握精梳的基本原理、工艺作用对落纤率和梳理质量的影响规律，精梳机主要工艺参数的影响及选择 重点：精梳工艺作用分析及主要参数的选择 难点：锡林定位、分离与接合对精梳质量的影响及控制方法	4	集中讲授	课程目标2、3、4、5
6	牵伸、并条	基本要求：熟悉纱条不匀的类型以及消除不匀的方法；掌握并合原理、匀整原理以及不同类型的匀整装置的工作分析；牵伸基本概念、摩擦力界以及纤维在牵伸区中的变速运动；掌握引导力、控制力、握持力、牵伸力、摩擦力界布置，对纤维平行顺直、纱条不匀的影响；掌握影响摩擦力界的因素，纤维在牵伸区中的运动、变速点分布；以及牵	4+线上2（不计入学分）	线上线下	课程目标2、3、4、5

94

续表

序号	教学内容	基本要求及重、难点（含德育要求）	学时	教学方式	对应课程目标
6	牵伸、并条	伸工艺对纤维变速点分布、须条不匀和纤维伸直的影响；棉型并条机的组成及主要工艺参数的作用与选择（线上+线下） 重点：摩擦力界、牵伸力与握持力、纤维运动及变速点分布等原理及控制；牵伸工艺对须条不匀和纤维伸直的影响；棉型并条机主要工艺参数的作用与选择 难点：在牵伸区中，摩擦力界布置对纤维平行顺直、纱条不匀的影响 德育要求：以并条与牵伸、不匀的关系为切入点，阐述辩证思维方法，培养学生的哲学思维与素养	4+线上2（不计入学分）	线上线下	课程目标2、3、4、5
7	粗纱	基本要求：熟悉粗纱工序的目的与任务，粗纱机的构成及工艺过程；掌握加捻的基本原理、粗纱捻度的选择，粗纱张力的分布及卷绕，粗纱机主要工艺参数作用及选择；掌握捻回概念、捻度度量与计算、捻度获得、稳定捻度定理、真捻与假捻、捻度传递、捻陷、阻捻及捻度分布，自由端加捻，典型加捻机构作用原理 重点：不同类型加捻的原理以及在成纱过程中的作用；粗纱工艺过程及粗纱质量影响因素 难点：捻度传递、捻陷、阻捻、捻度分布及捻度度量与计算 德育要求：通过对加捻现象的描述，阐述1+1＞2，引出团队精神，介绍国家集中力量办大事的案例，增强学生对国家的认同感与自豪感	4	线上线下	课程目标2、3、4、5
8	细纱	基本要求：熟悉细纱工序的目的与任务，熟悉细纱机的组成和工艺过程；掌握细纱机牵伸机构和加捻机构，环锭细纱的张力、强力与断头的分布规律，环锭细纱机的主要参数作用及选择；细纱品质的控制 重点：细纱工艺过程；细纱品质的影响因素及控制方法 难点：细纱的张力分配和如何控制细纱的断头和品质	4	线上线下	课程目标2、3、4、5

续表

序号	教学内容	基本要求及重、难点（含德育要求）	学时	教学方式	对应课程目标
9	环锭纺新技术	基本要求：了解环锭纺纱新技术的发展现状与趋势，理解纺纱技术的多样化（线上）；掌握紧密纺（集聚纺）、包芯纺纱、赛络纺、赛络菲尔纺、嵌入纺、色纺纱等环锭纺纱新技术的成纱过程、成纱机理、成纱工艺与纱线结构性能特点；能够利用自然知识与工程知识分析成纱结构与质量控制中的复杂工程问题，并具备纱线新产品设计与开发能力（线上+线下） 重点：不同环锭纺新技术的成纱原理与工艺过程控制要点 难点：成纱结构与质量控制中复杂工程问题的理解与分析。德育要求：以纺纱新技术介绍为切入点，比如当讲授嵌入纺复合纺纱技术时，以"第一面'织物版'五星红旗如何闪耀月球？"为素材，讲述科学家的故事，强调科学家精神、科技创新的时代意义，增强学生的国家认同感、专业自豪感与专业自信心	4+线上2（不计入学分）	线上线下	课程目标1、2、3、4、5
10	新型纺纱	基本要求：了解新型纺纱技术的发展现状与趋势，理解纺纱原理与加工技术的多样化（线上）；掌握喷气纺、喷气涡流纺、转杯纺、摩擦纺等新型纺纱技术的成纱过程、成纱机理、成纱工艺与纱线结构性能特点；能够利用自然知识与工程知识分析成纱结构与质量控制中的复杂工程问题，并具备纱线新产品设计与开发能力（线上+线下） 重点：不同新型纺纱技术的成纱原理与工艺过程控制要点 难点：成纱机理解释及在成纱结构与质量控制中的复杂工程问题的理解与分析 德育要求：以国外新型纺机装备为例，阐述工匠、创新与原创精神，提升学生的工匠意识和创新意识，增强学生的行业责任感与使命感	16（喷气纺4、喷气涡流纺3、转杯纺5、摩擦纺4）+线上4（不计入学分）	线上线下	课程目标1、2、3、4、5
11	自主学习	基本要求：根据给定的题目或课题，要求学生分组进行线上查阅文献、撰写小论文	4（不计入学分）	线上	课程目标4、5

续表

序号	教学内容	基本要求及重、难点（含德育要求）	学时	教学方式	对应课程目标
11	自主学习	重点：对纺纱产品开发所涉复杂问题给出多种解决方案，培养学生查阅、分析文献、论文撰写技巧 难点：文献的分析及论文撰写技巧	4（不计入学分）	线上	课程目标4、5
合计			52+线上12（不计入学分）		

（二）课程目标达成评价

1. 评价方法

本课程采用课程考核材料作为评价的基础，通过细致梳理考核内容与课程教学目标之间的对应关系，并运用特定的计算公式，来精确计算并评估每个课程教学目标的达成程度。

课程目标达成评价值：

$$D_n = \Sigma P / \Sigma Z$$

式中：P 为课程目标对应的各项考核成绩平均得分；Z 为课程目标对应的各项考核成绩总分值。

数据来源方面，本评价主要依据课程的考核结果，具体涵盖期末试卷成绩、平时作业完成情况、课程报告质量、实验成绩以及其他可纳入评价范畴的成绩项。

评价周期：课程教学目标达成评价周期为每学期。

结果运用：依据课程教学目标达成度的评价值，对教学过程中涉及的教学内容、教学方法及作业布置等方面进行了深入分析，进而提出了针对性的持续改进策略与措施。

2. 课程目标达成度评价

下面以绍兴文理学院"纺纱学"为例，如表4-8所示，对课程目标达成情况进行介绍❶。

---

❶ 数据来源：2023—2024学年第一学期绍兴文理学院纺织工程221、222"纺纱学"的课程。

表 4-8　课程目标达成度评价表

课程信息							
课程名称	纺纱学	课程类型	专业主干课程	课程学分	2.0		
所属专业	纺织工程	班级/人数	221、222/70	任课教师	邹专勇		

课程目标达成情况

课程目标	评价方式	总分值Z	平均实际得分 P	达成度 D_n	上一轮达成度
课程目标1	平时作业	10	7.72	（7.72+7.45）/（10+10）≈0.76	0.881
	期末考试1.1、1.2	10	7.45		
课程目标2	平时作业	5	4.55	（4.55+4.17+4.17）/（5+5+5）≈0.86	0.746
	章节测试	5	4.17		
	期末考试2.1、2.2	5	4.17		
课程目标3	平时作业	10	8.56	（8.56+6.79）/（10+10）≈0.77	0.899
	期末考试3、4	10	6.79		
课程目标4	平时作业	5	4.17	（4.17+4.02+5.79）/（5+5+10）≈0.70	0.804
	课程论文	5	4.02		
	期末考试5.1、5.2	10	5.79		
课程目标5	平时作业	5	4.08	（4.08+3.81+10.14）/（5+5+15）≈0.72	0.748
	课程论文	5	3.81		
	期末考试6.1、6.2	15	10.14		

课程目标达成情况分析

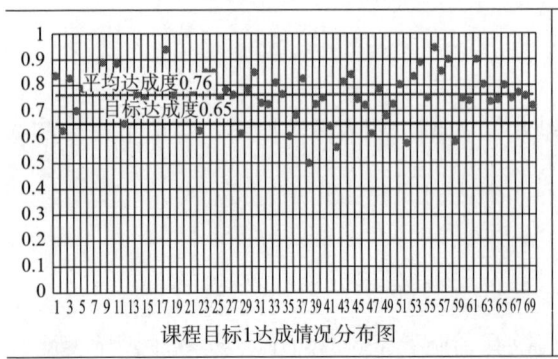

课程目标1达成情况分布图

课程目标1的平均达成值为0.76，高于目标达成值0.65，与上一轮达成度相比有较大幅度下降，但就个体而言，有4个学生目标达成值低于0.60。分析其目标达成途径，通过期末考试体现的目标达成情况不理想，学生对运用数学、物理等知识解释除杂评定效果，不同纺纱方法导致的纱线结构性能差异等解决方案的比较和综合掌握不够。

续表

课程目标达成情况分析	
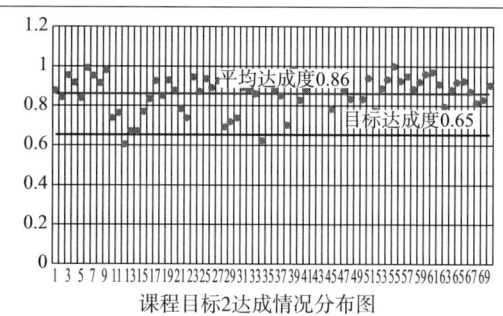 课程目标2达成情况分布图（平均达成度0.86，目标达成度0.65）	课程目标2的平均达成值为0.86，明显高于目标达成值0.65，几乎所有学生都达成了这一课程目标，与上一轮达成度相比提高明显
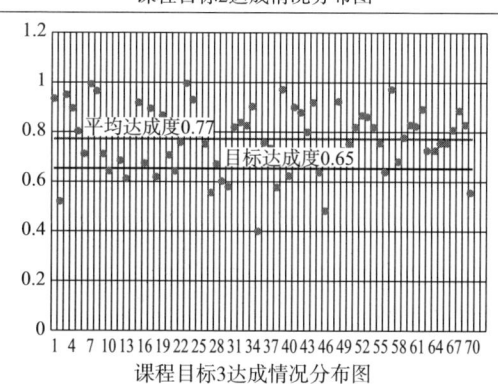 课程目标3达成情况分布图（平均达成度0.77，目标达成度0.65）	课程目标3的平均达成值为0.77，高于目标达成值0.65，与上一轮达成度相比下降较大，有相当一部分学生目标达成值低于0.60。分析其目标达成途径，通过期末考试体现的目标达成情况不理想，学生对能够运用纺纱技术原理或数学模型方法，发现并较准确清晰地描述、表达纺纱过程及成纱质量控制中相关复杂工程问题的能力有所欠缺
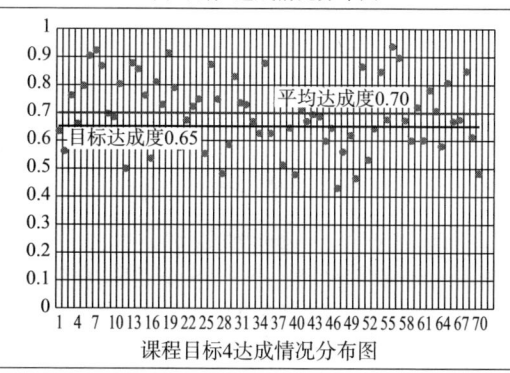 课程目标4达成情况分布图（平均达成度0.70，目标达成度0.65）	课程目标4的平均达成值为0.70，高于目标达成值0.65，与上一轮达成度相比下降较大，有相当一部分学生目标达成值低于0.60，分析其目标达成途径，通过期末考试体现的目标达成情况不理想，学生针对纱线产品开发所涉复杂工程问题，还不能够很好地从关键成纱部件选用、工艺参数设计等方面提出可供选择的解决方案
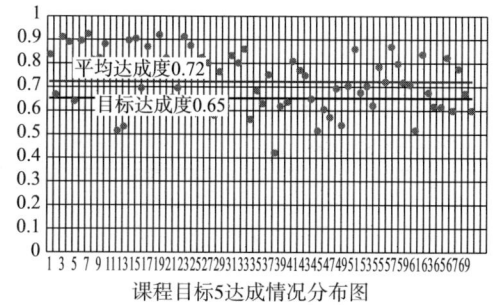 课程目标5达成情况分布图（平均达成度0.72，目标达成度0.65）	课程目标5的平均达成值为0.72，高于目标达成值0.65，与上一轮达成度相比基本持平，有相当一部分学生目标达成值低于0.60，分析其目标达成途径，通过期末考试体现的目标达成情况不理想，学生不能很好地综合运用纺纱原理和基本知识，以及分析纱线产品开发过程中纤维种类、纺纱工艺等参数对纱线结构、质量及其性能的影响，并获得有效结论

99

续表

课程持续改进措施应用及效果评价	
上年度课程组问题反馈	持续改进措施及改进效果评价
课程目标2达成度相对较低，学生不能够很好地根据数学、自然科学、工程科学、纤维材料及制品的结构与性能的关系、纺织品设计与制备等基本原理，识别和判断纺织工程领域复杂工程问题的关键环节	根据学生章节测试及平时作业完成情况，及时对课程目标2所涉学生掌握较差的内容进行讲解、订正，同时授课过程加强有关内容互动性方面的研讨，增加案例教学，加深学生的理解。课程目标达成值由0.746提高到了0.86
课程目标5达成度相对较低，学生不能够很好地运用数学、自然科学、工程科学、纺织工程专业领域的基本知识和基本原理，借助文献研究，分析过程的影响因素，获得有效结论，表明学生的分析问题、解决问题的能力还是有待提高	授课过程进一步对课程案例、平时作业的梳理、设计，积极采取案例式、讨论式教学，加强引导，强化学生的解决实际问题能力的训练，但并未带来积极效果
任课教师对课程达成情况问题查找及整改措施	
存在问题	整改措施
相比较而言，课程目标4达成度是5个课程目标中最低的，且课程目标4和课程目标5有相当部分学生课程目标达成值低于0.6，表明学生针对纱线产品开发所涉复杂工程问题，还不能够很好地从关键纱部件选用、工艺参数设计等方面提出可供选择的解决方案，也不能很好地综合运用纺纱原理和基本知识，分析纱线产品开发过程中纤维种类、纺纱工艺等参数对纱线结构、质量及其性能的影响，并获得有效结论	①梳理课程目标4和5涉及的教学难点与重点内容，用知识图谱呈现教学内容 ②多采用启发式、研讨式教学，加强学生互动 ③关注课程目标4和5学生平时作业完成质量，重点对达成情况不好的学生进行干预，加强过程帮扶，提高要求，确保每位学生都能很好达成有关课程目标

课程组审核意见（应包含对本轮执行中存在的问题进行反馈，并提出改进措施）：
课程组组织对"纺纱学"课程目标达成情况进行了专题研讨分析，课程目标达成情况相对较好，针对上一轮反馈的问题，很好地做到了持续改进，课程目标2改进效果明显，但课程目标5改进效果不明显，此外，其余几个课程目标都有不同程度的下降，需要引起注意
问题反馈：
针对课程目标4和5，需要进一步分析原因，提高目标达成值
措施建议：
针对课程目标4和5涉及的教学难点与重点内容，多采用启发式、研讨式教学，加强学生互动，重点关注对学习落后学生的督促，有的放矢，提升学生的学习效果

第三节 课堂教学质量标准

一、课堂建设质量标准

课堂教学不仅是教学活动的基础形式,更是教育的核心环节,是实现育人目标的"主战场"。在教学过程中,应始终坚守以学生为本的教育理念,并将提升学生的学习成效作为核心导向。课堂教学需要确保教育内容的准确性和具有针对性,做到重点明晰,条理分明,同时采用适宜的教学方法,并保持教师的仪态端庄、语言富有艺术性。此外,生动的课件和与实际生活的紧密联系也是必不可少的,有助于营造活跃而有序的学习氛围。通过这样的课堂教学,学生不仅能够获取知识,还能够在智力、品德和能力方面得到全面提升。

根据课堂教学的核心地位和重要作用,以及教育教学的基本规律,结合纺织工程专业实际,制定纺织类课堂教学质量十条标准,具体如下。

(一)立德树人

以学生发展为中心,充分发挥教书育人功能,突出课程思政和素质教育,促使学生在情感态度和价值观念上发生积极改变;教学态度认真,责任心强;教态自然大方,和蔼可亲;语言准确、简洁、流畅,使用普通话;着装端庄;言谈举止得体。

(二)从严治学

确保教学秩序,严格执行学生学习管理制度,自觉维护课堂纪律,积极实施课堂管理,并勇于纠正迟到、早退,课堂上使用手机、玩游戏、打瞌睡等违纪行为。同时,严格遵守课业考核规定,对于缺课达到规定标准的学生,坚决取消其考试资格。

(三)学生中心

在教学实施过程中,充分尊重学生的学习主体地位,确保教与学的设计模式能够契合学生的认知规律与接受特点。始终以学生学习成效为出发点,全面统领并指导教学设计的制订与实施过程。同时,高度关注学生之间的个体化差异,确保教学设计与教学活动均能充分体现出因材施教的教学理念。采取多种措施激发学生学习内在动机,提高学生教学活动参与度,通过多种形式和途径实现高效的师生、生生交流互动。注重有效利用和合理分配课堂时间,确保学生能够学有所得、学有所获。

(四)依纲施教

遵守教学大纲,严格按教学大纲制订教学计划。教学计划的制订应全面考虑其整体性与系统性,必须涵盖深入的学情分析、明确的课程目标设定、详尽的教学内容规划、周密的教学组织实施流程以及科学的学习评价体系等核心要素,严格按照教学计划开展各项教学活动。

(五)备课充分

注重学情研究,有的放矢,具有针对性;围绕课程目标选择教学内容,把握深度和广度,确定重点和难点;教学内容应紧密跟踪学科发展的最前沿,关注社会发展的实际需求。及时将本学科领域内涌现的新知识、先进技术、创新方法和现代工艺融入教学实践中;教学活动设计充分体现课程目标要求;充分利用网络优质教学资源。

(六)授课认真

讲授的内容正确、充实、系统、深度适宜;精神饱满讲授,内容娴熟;能联系学生原有知识与经验,促进其深度学习;重视联系生产、社会和生活实际;注重基本理论的理解和基本技能的训练;教学组织合理,思路清晰,环节完整,结构严谨,衔接自然;熟练运用现代教育技术手段;课后辅导及时。

(七)重点突出

根据教学内容体系及与其他课程间的联系与实际需要,找准课程重点和课堂重点;在讲解时分清主次,详略得当,体现高阶性,挑战度设置合理;专门设计难点破解,切合学生的接受能力,实施效果好。

(八)方法灵活

在教学实施中注重个性化培养路径,依据学生认知基础分层设计教学重点。如在纺织材料课程中,对基础薄弱学生侧重材料性能认知训练,对学有余力者增设新材料研发案例分析。通过项目驱动式教学,将面料开发任务分解为原料选配、工艺设计等实操环节,使学生在解决真实技术问题的过程中掌握知识脉络。课堂组织采用多元互动模式,通过工艺仿真操作、生产问题辩论等环节维持学习专注度。在教学技术手段实施方面，运用纺织虚拟仿真系统，实现理论原理与工程实践的有效转化。

（九）课件生动

在教学设计与实施中注重内容适配与形式创新。专业内容根据学生认知特点调整知识呈现方式和更新。课堂上，教师合理运用多媒体资源，通过工艺流程图解、生产现场视频等素材，将纺纱工序等抽象流程转化为可视化学习内容，有效提升知识传递效率。课堂组织形式强调参与感与体验性，可以在织物设计教学中，先展示经典面料设计案例，再通过纺织CAD软件进行纹样设计实践，最后在小型织机上完成实物制作。教师通过适时穿插生产现场实景影像、设备操作微课视频等资源，保持课堂节奏张弛有度，促进知识吸收与技能掌握的有机统一。

（十）考核严格

作业适量，布置及时，大作业或综合作业有得分参考依据，批改认真，有明确的反馈环节且反馈及时；过程性评价设计合理，成绩给定依据科学合理，且呈正态分布；终结性评价覆盖所有课程目标和主要教学内容，对学生的知识、能力和素质进行全面考核，评价形式多元化、多样化。

二、课堂教学质量标准保障体系

教学质量标准保障体系是学校为提高教学质量，实现人才培养目标，运用系统的理论和方法，把教学过程的各个环节、各个部门的活动与职能合理组织起来，形成的一个任务、职责、权限明确，能相互协调、相互促进的，稳定、有效的管理系统。其目标是提高学生的学习成果，培养学生的综合素质，满足社会和个人对教育的需求。

（一）教学质量标准保障体系核心要素

教学质量标准保障体系的核心要素包括教学质量标准、教学质量评估、学生跟踪调研、教学改进与反馈以及教学质量监控五个部分。

（1）教学质量标准。依据学校培养目标与课程要求，制定明确的教学质量标准，涵盖教学内容、方法及效果要求，并根据教育发展动态定期修订。在实践类课程中需明确技能操作规范，理论课程要明确侧重逻辑思维训练标准。

（2）教学质量评估。采用多维度评估方式，结合学生反馈、同行评教与专家督导意见，综合判断教学实效。评估重点包括课堂目标达成度、教学方法适用性等，测评结果及时反馈给教师，用于针对性改进教学策略。

（3）学生跟踪调研。建立学生发展全程跟踪调查机制，通过召开座谈会、问卷调查、专题采访等形式进行课程学习记录、毕业就业反馈，分析知识掌握与能力发展情况，为优化培养方案提供依据。

（4）教学改进与反馈。根据评估结果制定改进计划，课程组明确调整方向与实施步骤，并针对问题开始整改落实，如优化课程案例库、强化薄弱环节训练，并通过阶段性复评验证改进成效。

（5）教学质量监控。通过定期教学检查、随机课堂观察等方式，让教师动态掌握教学运行状态。对发现的问题及时干预，确保教学标准有效落实。例如，对教学进度滞后课程启动专项督导，保障教学质量稳定性。

（二）教学质量标准保障体系的实施

（1）组织架构。学校构建决策层、管理层和执行层三级管理体系：校级领导负责顶层规划与政策制定，教学管理部门统筹实施方案，院系教师团队落实具体教学任务。各层级权责清晰，校级侧重目标设定，管理部门负责标准执行监督，教学单位专注课程实施与质量把控。

（2）流程设计。根据教学质量保障体系的目标和要求，建立标准化的质量管控流程，覆盖教学评估、问题整改与结果反馈全链条。按照设计的流程有序开展各项教学质量保障工作，确保流程的顺畅运行。

（3）资源保障。包括人力资源和物力资源。建立专业的教学质量保障团队，包括管理人员、评估人员等；投入必要的资金和资源，建设高水平的教学设施、教材、实验设备等，为教学质量提供有力保障。建立人力、物力、财力三维资源保障，人力资源方面组建由教学督导、学科骨干组成的专职管理团队，硬件资源方面确保教室、实验室、实训设备等教学基础设施的先进性，同时提供专项经费预算用于教材更新、教师培训等质量提升项目。

（4）制度建设。建立完善的教学管理制度和规章体系，包括领导听课制度、学生评教制度、教学检查制度、教学督导制度等，为教学质量提供制度保障。

三、课堂教学质量标准案例介绍

（一）绍兴文理学院课堂教学质量量化标准（表 4-9）

表 4-9 绍兴文理学院纺织工程专业教学质量量化标准

教学环节	观测点	等级标准 A	等级标准 C	状态分值	评价等级 A	评价等级 B	评价等级 C	评价等级 D	备注
1.教学态度		热爱教育事业，立德树人，为人师表，尊重学生，从严治学，责任心强	热爱教育事业，为人师表，尊重学生，责任心较强	8					
2.教学准备		遵循教学大纲，认真制订教学计划并严格执行，选用优秀教材，备课认真充分，教学资源丰富，教案规范，课件质量高、更新及时	有教学大纲、教学计划、教材和教案。备课较认真，课件更新比较及时	8					根据学科专业特点和实际情况可进行适当调整
3.教学目标	3.1 知识目标	知识目标明确可测，体现课程教学的特点，并使学生清楚明了	教学目标较明确，能使学生有所了解	5					
	3.2 能力目标	能力目标明确可测，体现课程教学的特点，并使学生清楚明了	能力目标较明确，能使学生有所了解	5					
4.教学内容	4.1 思想性	注重学生综合素质的培养，能结合教学内容，教育学生树立正确的世界观和人生观，能加强职业道德教育	对学生有一定的思想教育，没有思想性的错误	5					
	4.2 科学性	教学内容正确、科学，符合教学大纲要求，理论阐述准确，概念清晰，条理分明，论证严密，逻辑性强	教学内容正确，理论阐述比较准确，概念较为清晰，条理性较强	5					
	4.3 先进性	讲课内容新颖，注意知识更新，能反映最新科研成果与水平；能将新知识、新技术、新方法、新工艺介绍给学生	课堂上能将教材中的新知识、新技术、新方法、新工艺介绍给学生	5					

续表

教学环节	观测点	等级标准 A	等级标准 C	状态分值	评价等级 A	评价等级 B	评价等级 C	评价等级 D	备注
4.教学内容	4.4 有效性	理论联系实际，重点难点突出、信息量大，注重学生能力（特别是创新能力）培养，提高学生分析问题、解决问题的能力，重视知识传播，更注重方法传递	教学内容重点难点比较突出，对学生的知识与能力提高有所帮助，有一定效果	5					根据学科专业特点和实际情况可进行适当调整
5.教学方法与手段	5.1 多样性	教学方法灵活多样，有效促进教学目标的实现，注重启发式教学，教学形式新颖，富有艺术性	教学方法比较单一	5					
	5.2 针对性	能够根据课程特点和不同的学生状况因材施教，能够根据不同的教学内容选择不同的教学方法，重点和难点处理得当	教学针对性不强，但基本上能够完成教学任务	6					
	5.3 现代性	体现现代教育思想、教育理念，运用现代化的教学手段授课	对多媒体教学有所了解，采用过现代教育技术	5					
6.教学组织		善于课堂管理，教学组织紧凑，教学活动生动有趣，能很好地与学生进行教学互动，创设良好的学习气氛，学生能全神贯注地认真学习。主动纠正课堂违纪现象	检查学生到课情况，注意维持课堂秩序，教育和督促学生遵守课堂纪律	6					
7.教学技能	7.1 教态	衣冠整洁、仪表端正，教态自然大方	衣冠整洁、朴素，教态一般	2					
	7.2 语言	语言准确，使用普通话，表达生动有趣，并富有启发性、形象性和逻辑性	语言易懂，较清晰流畅	4					
	7.3 课件	能增加课堂教学的信息量；能使学习更直观、具体；能增强教学方法的趣味性；能运用多媒体技术将文本、声音、图形、图像、动画等综合起来进行教学	能增加课堂教学的信息量；能使学习更直观、具体；能增强教学方法的趣味性	8					

续表

教学环节	观测点	等级标准 A	等级标准 C	状态分值	评价等级 A B C D	备注
8.作业批改和课业考核		辅导答疑、布置和批改作业认真及时，注重教学反馈；过程性考核设计合理、执行严肃；终结性考核覆盖所有课程目标和主要教学内容，对学生的知识、能力和素质进行全面评价，评价方式多元多样	能辅导答疑、布置和批改作业；过程性考核设计较合理、执行较严肃；终结性考核基本覆盖课程目标和主要教学内容，评价方式较单一	8		根据学科专业特点和实际情况可进行适当调整
9.教学效果		以学生学习成效为出发点统领教学设计和实施过程；教和学的模式设计符合学生的认知规律和接受特点；有激发学生学习内在动机的措施；注重学生创新能力的培养；多种形式和途径实现高效能的师生、生生交流互动；有效利用和合理分配课堂时间，学生学有所得、学有所获	教学效果较好，较注重学生能力的培养。学生能参与教学活动，课堂时间利用和分配较合理，学生有一定收获	10		

评价结果用等级状态表达式表示，$V=aA+aB+aC+aD$ 其中 A、B、C、D 分别表示优秀、良好、合格、不合格四个等级；评价等级赋分：$A=100\%$，$B=80\%$，$C=60\%$，$D=10\%$；a 为 A 级状态分值和，b 为 B 级状态分值和，c 为 C 级状态分值和，d 为 D 级状态分值和。通过状态分值和确定评价等级，状态分值和按从高到低的顺序进行排序；状态分值和位于全院（部）教学前30%为优秀。

（二）绍兴文理学院课堂教学质量标准保障体系

绍兴文理学院遵循认证理念按照"学生中心、产出导向、持续改进"的理念，引导学生作为重要成员参与教学质量保障，将学生成长成才和可持续发展，作为衡量教学质量的重要标准，聚焦"五个度"提升，形成标准、评价、反馈、改进的质量管理闭环系统。将《普通高等学校本科专业类教学质量国家标准》、本科教学审核评估标准、专业教育认证标准作为建设基本参考依据，坚持达标底线和创优目标，将达标创优意识落实到教育教学各环节，保障专业毕业要求的达成。遵循"质量至上、以人为本、突出特色、协同合作"的发展原则，树立全员参与的理念，通过多部门的协同努力，逐步建立起一个包含教学运行、流程监控、持续跟踪调研、综合质量评估以及不断优化改进在内的五位一体的教学质量保障体系。这一体系将确保我们的教学质量得到全面提升和持续保障。

1. 健全标准化的教学运行管理系统

教学运行管理系统在教学质量保障中占据核心地位，其关键职责在于确立并实施多个主要教学环节的质量规范，还负责组织并实现各项教学决策任务，同时对教学运行中出现的各种问题进行有效协调。为确保教学工作的有序进行，教务处将依照PDCA（即计划、执行、检查、处理）的循环管理模式推进整体教学工作。

（1）完善主要教学环节质量标准。按照提升"两性一度"的要求，围绕人才培养目标和毕业要求的实现，组织完善包括对人才培养方案、教学大纲、毕业设计（论文）等在内的主要教学环节的基本管理规范及质量要求。学院结合学科专业特点，制定基于培养目标、毕业要求达成的各主要教学环节的质量标准，有效支撑毕业要求的达成。

（2）优化教学建设改革标准。根据高等教育整体发展趋势和学校办学定位，围绕专业、课程、教材、实践基地、实验室等分批分类开展教学基本建设，重点在课程体系、教学内容、教学模式和方法、学业评价等方面加强教学改革与研究，制定校级层面各类教学建设与改革项目的立项、验收标准，加大人才培养成果在评价指标中的权重，确保教学项目取得实效。

（3）规范教学管理基本流程。做好教学制度的"立、改、废"工作，明确各项工作程序规范和要求，明确教学工作考核要求，严格按照相关管理制度要求开展工作。

（4）建立过程自我控制机制。根据PDCA循环管理模式，对教学过程中的各个环节进行全面的日常检查，包含课堂教学、实验教学以及教学实习等核心部分。同时，我们还需审视培养方案的实施情况、教学大纲的遵循程度、试卷的命题与批阅标准、毕业论文（设计）的质量、教学实习的效果以及整体教学秩序的维护。

2. 完善常态化的教学过程监控系统

教学过程监控系统是教学质量保障的重点，其职能是根据教学规章制度和教学质量标准，对教学工作进行监督，由教学质量评估中心牵头负责。

（1）实施教学检查制度。开展"三段式"教学检查，即在开学初、期中、期末三个阶段开展以规范教学、过程检查、考核质量为重点的教学检查，校院两级通过访谈、听课、查阅资料、座谈、调研等方式开展常规检查和专项抽查，促进学院重视教学规范、加强教学交流、提升教风学风。

（2）落实干部听课制度。落实领导干部听课制度，领导干部要走进课堂一线，实时掌握教学动态。聆听教师和学生的反馈，洞察并应对教学中的各类问题，以提升教学管理的精准度和实效性。

（3）加强教学督导工作。校院两级督导组通过常态化听课、教学文档抽查、师生座谈等方式开展监督。督导重点聚焦课堂教学效果，针对新入职教师实施帮扶督导，一对一配备导师，帮助提升教学能力。

（4）加强教学信息员建设。组建覆盖各专业年级的学生信息员队伍，按月收集课程进度、教学方式等方面的建议。建立分级处理机制：常规问题由学院教学委员会半月内响应，共性议题提交校级教学例会研讨。信息员同时承担政策传达职责，向同学解读教学改革举措。

（5）优化课堂教学评价制度。构建以"多元评价主体和多样化评价指标"为核心的产出导向型质量评价体系。在这个体系中，评价主体应涵盖教师、学生、教育同行以及教学督导等多方面人员，以确保评价结果的客观性和全面性。

3. 构建全程化的学生跟踪调研系统

学生跟踪调研系统是教学质量保障的基础，其职能是关注学生成长体验和发展诉求，为各类教学标准的设立和管理制度的建立提供学生视角的参考依据，由学生处、校友总会办公室联合教务处、教学质量评估中心组织开展。

（1）建立生源质量调研机制。每年招生工作结束后，由学生处牵头负责全校性生源质量数据采集及分析，深入了解入学生源质量及其对所选专业的了解程度、接受度以及学习热情等。并对生源发展趋势进行分析，形成分析报告，并提出进一步提高生源质量的具体举措。

（2）建立学情调查制度。由教学质量评估中心联合学生处、教务处针对不同年级在校生开展学情调研，深入了解学生发展诉求，形成分析报告，总结并提出学生工作提升策略。

（3）加强学生学业监测。由教务处牵头逐步推进学生学业成绩分析，通过对不及格率、毕业率、学位率、等级考试通过率、转专业情况、学业预警情况等进行纵横向比对分析，及时发现学风教风、考试管理、学籍管理等工作中存在的问题，提出持续改进办法，确保学生在毕业时达到毕业要求。

（4）完善毕业生跟踪反馈机制。由学生处牵头定期组织各学院开展针对毕业1年和3年的毕业生的问卷调查、用人单位问卷调查，了解毕业生现阶段就业情况，对毕业生进行专业人才培养质量满意度、培养目标达成度分析，并针对反馈的不足和存在问题修订和完善培养目标、毕业要求和课程体系。

（5）建立校友发展长期跟踪机制。由校友总会办公室牵头定期组织各学院开展针对毕业5年及以上的校友开展调查走访，调研毕业生发展情况，听取校友对学校、专业发展的意见、建议，推动人才培养工作持续改进。

4. 建立目标化的教学质量评价系统

教学质量评价系统是教学质量保障的关键，其职能是对学校教学工作的达成情况进行评价，由教学质量评估中心联合教务处组织开展。

（1）开展培养目标合理性评价。由教务处牵头组织各专业开展行业企业走访，做好行业管理部门、行业专家、专业同行、专业教师、毕业生等利益相关方的问卷调查或座谈等调研活动，了解用人需求，对现行的培养目标、毕业要求以及课程体系的合理性进行深入论证。完成调研分析报告。关于培养目标合理性的评价活动，应设定为每四年一次，且须在培养方案修订之际同步开展。

（2）确立毕业要求达成评价制度。由教学质量评估中心牵头出台制度，将产出导向的目标达成评价落实到专业、课程。学院通过定量和定性的方式，每年对当年毕业生开展毕业要求达成情况评价，每学期对在校生开展课程教学目标达成情况评价，并根据评价结果及时更新优化培养方案，深化课程建设和教学改革。

（3）开展专业评估和课程评估。由教学质量评估中心负责出台学校专业评估办法，分类设置评估指标，定期开展专业评估，全面审查专业办学基本条件，梳理专业建设成效以及人才培养成果。教务处支持各类课程专项研究，并定期组织评估验收。

（4）加强基本教学状态信息采集。建立覆盖教学全过程的数据采集系统，常态化记录课程实施、设备使用、教学反馈等核心信息。例如，实时采集课堂到课率、实训设备使用频次、教学平台登录数据等基础指标，形成动态更新的教学运行数据库。通过系统分析课程进度匹配度、资源使用效率等关键参数，及时识别教学异常情况，为优化课程安排、调整教学资源配置提供依据。

（5）积极推进外部评价。以教学审核评估、专业认证等外部评价为抓手，保合格、上水平、追卓越，不断加强质量文化建设，提升本科教学质量。

5. 建立闭环式的持续改进系统

（1）及时反馈质量信息，促进整改提高。教学督导发现授课问题，当日即与教师面对面沟通改进建议；学生信息员反映的课程进度异常，需及时上报教研科。学院定期召开教学质量分析会，将典型问题转化为改进案例库，如针对普遍存在的实训指导不足问题，组织优秀教师开展示范课观摩活动。学院要求整改过程实行台账管理，明确责任人与完成时限，确保问题解决形成闭环。

（2）完善教学质量公开发布制度。教学质量评估中心需整合教学督导报告、学生评教数据及毕业生跟踪调查结果，形成年度本科教学质量报告。学校应通过官方网站定期向社会公布教学质量报告与毕业生就业质量报告。报告发布时，学校应重点说明课程改革成效、教学资源配置优化情况以及人才培养改进措施。教学管理部门应建立质量信息反馈渠道，邀请行业企业代表参与报告论证。用人单位可通过该渠道对毕业生专业能力进行评价，学校应将行业反馈纳入教学质量改进方案。教学质量评估中心须结合校内评估与外部意见，持续完善质量保障体系。社会公众可通过查阅公开报告了解教学动态，共同监督教学质量提升进程。学校应依据社会反馈调整教学策略，确保人才培养与社会需求有效对接。

（3）健全教学激励机制。健全教学激励制度体系，创新教学激励方式，设置多种教学奖项，完善教学优秀教师职称晋升通道，激发并调动教师投身教学工作的积极性、主动性及创造性，各类教学监控、评价结果是教学工作水平的重要评价依据，作为教师评聘、专业动态调整以及学院考核的重要参考。

（4）完善教学质量持续改进制度。评价结果的有效利用对于推动人才培养质量的不断提升至关重要，这有助于塑造一种追求卓越的教学质量文化。针对教学质量信息反映的问题，相关部门与教师应当严谨地制定并切实执行整改措施，以持续优化教学及管理工作。同时，加强后续监督环节，对教学过程中的问题点进行持续监测，从而确保教学质量的稳步提高。

第五章　多样化的纺织类本科人才培养模式及其启示

随着新一轮技术革命和产业转型步伐的加快，中国经济发展到达新高度，高等教育也随之进入新的发展阶段。在此背景下，优质的工程教育的重要性日益凸显，新工科建设的重要性也日益凸显。就教育模式而言，需逐步从传统的以学校为中心的人才培养模式，过渡到以学生为中心、注重学习成果、依托院校持续改进的教育模式。这一转变不仅能提升学生的实践能力，还能通过实践活动深化高校与产业之间的服务与合作。借助此战略创新，培养出具备强大竞争力的优秀人才。[82]

在职业培训领域，为推动工业和企业的发展与现代化，必须对职业教育进行深化改革。由于职业培训的核心目标是构建一支实力雄厚的工业人才队伍，因此，亟须实现教学模式的转换，即从传统的教学方式转变为以实践操作为主导的教学模式，实现教育模式的革新与发展。同时，课程设置也应随之调整，将原本的学科知识体系更新为与现代职业需求紧密相连的工作实践体系。此外，必须高度重视并大力发展服务型人才的培育工作，以推动就业市场的繁荣、教育体制的优化以及教学改革的深入。这一系列举措将有助于产业的顺利转型升级，而且能显著提升团队的凝聚力和协作能力。

第一节　"卓越工程师"培养模式

一、"卓越工程师"培养模式的定义

卓越工程师是指那些在工程领域展现了超凡技术能力、高度专业素养以及出色领导力的工程专业人才。这些杰出的工程师在应对错综复杂的工程难题、设计出富有创意的解决方案以及推动技术革新方面均表现出卓越的能力，不仅积累了深厚的专业知识，还具备丰富的实战经验，能够独立思考，以创新

的方式解决问题,并在团队中发挥核心和引导作用。除了技术层面的出类拔萃,这些卓越工程师还展示了出色的沟通技巧、卓越的团队协作精神以及不断学习的态度,对工程领域的发展和创新起到了举足轻重的推动作用。他们常常在工程设计、研发以及项目管理等多个领域大放异彩,并在攻克工程难题、引领行业进步方面扮演着至关重要的角色。

2010年,教育部正式启动"卓越工程师教育培养计划",其核心目的在于对传统人才培养模式进行革新,旨在培养出一大批不仅具备高度创新能力,而且能够快速适应经济发展需求的优秀工程技术人才。在执行过程中,该计划秉持"行业导向、产学融合、因材施教、多元培养"的原则,通过建立高校与工业界的合作机制,着重提升学生的工程实践能力和创新思维。[83]

为了将课程学习与实践学习进行有效融合,当前高校在实施"卓越工程师培养计划"的过程中,普遍采纳了"3+1"的应用型人才培养模式。该模式要求学生在校内完成三年的理论与实践学习,之后进入企业进行为期一年的现场实习与实训。通过这种校企联合培养的方式,可以加速学生从学习者到实践者的角色转变,使他们在实践中进一步巩固和深化理论知识。[84]

当然,除了普遍采用的"3+1"模式之外,还有一些院校选择实施了其他人才培养模式,如"1.5+1+1+0.5"的分阶段教育模式,在此模式中,学生首先接受为期"1.5年"的校园基础及创新思维教育,为后续的深入学习打下基础。紧接着是"1年"的企业轮岗实践,这一阶段注重提升学生的实际操作技能与创新能力。之后学生再回到校园进行为期"1年"的专业理论知识深化学习,使理论与实践相结合。最后的"0.5年"则安排学生在公司进行实习,重点强调实践操作,以提升学生在实际工作岗位上的专业能力,有效地将学生的学习过程与生产岗位紧密相连,达到学习与生产实践的无缝对接目标[85],其根本目标仍然是培养工程师。然而,这种培养模式对企业有较高的要求,使得许多高校难以实施。

国家对于创新驱动发展的重视程度不断提升,并明确指出创新是推动国家和民族进步的核心力量,也是引领科技发展的首要驱动力。鉴于高校在培养知识创新和技术创新人才方面肩负的重大使命,因此,高等院校必须进一步深化创新创业教育改革,以满足国家创新发展的战略需求。"卓越工程"的教育理念对于推动高等教育更加贴近社会需求培养人才,以及促进创新人才的培养，都具有十分积极的意义。[38]

二、纺织类"卓越工程师"培养模式

随着我国供给侧结构性改革和产业结构的不断优化，传统纺织工业正逐步提升其生产工艺，使得技术不断智能化与集成化，与现代技术要素的深度融合，有力地推动了现代纺织业的迅速崛起。为了适应并服务于新一轮的产业革命，教育部实施了一系列重大改革举措，如启动《卓越工程师教育培养计划2.0》以及加强"新工科"建设等，强化优秀科技人才的工程实践能力和创新能力。致力于培养具备社会经济发展所需知识、能力和素质的专业人才，使卓越工程师不仅深谙纺织及相关领域的技术和艺术规律，还具备出色的创新能力，能够胜任工程设计、纺织产品开发、质量检测以及管理等多方面的工作。

关于卓越工程师培养的流程，实践教学在培育学生的创新能力中扮演着举足轻重的角色，同时也是达成教育目标和学位要求的关键教学环节。卓越工程师培养体系应坚持以学生为主体，将传统教学方法转变为以学生为中心的互动学习模式，鼓励学生主动参与、积极思考，并在实习过程中深化对纺织工程专业的全面理解与应用能力。通过强化课外实践基础，促进大学与行业的协同合作，优化任务评估流程，并实施一系列改革举措，然而，在实际的教学过程中，我们面临着一些挑战：一是在教师的指导下，学生往往缺乏明确的学习自主性，对于大部分实际内容只是被动接受而非主动探索；二是企业提供的设备和生产过程缺乏典型性，技术内容和创新性不足，这可能会导致学生的学习兴趣和动力下降；三是实践教学中缺乏针对性的启发和总结。实习报告往往趋于形式化，缺乏深入的思考与充分的交流，使传统的实践教学模式难以达成培养卓越纺织工程师的预期目标。[86]

三、案例介绍

（一）江南大学的卓越工程师培养

2010年6月，首批"卓越工程师教育培养计划"高校名单公布，其中，江南大学作为积极响应并落实该改革计划的高等学府之一，位列榜首。为了推进这一改革，上海市唐俊源教育基金会和江南大学共同出资4000万元设立教育基金，用于军源工程中心和军源学院的基础建设。除此之外，该基金会还额外设立金额为 600 万元人民币的"君源卓越基金"，用以资助教育改革项目、推动创新实践活动以及促进海外学术交流。2023 年，江南大学环境工程、物联网工程以及制药工程三个专业获批江苏省卓越工程师教育培养计划 2.0 专业建设点，经过十多年的不懈努力，江南大学在培养卓越工程师方面已积累了丰富的经验，并逐渐形成了自己的教育特色。

江南大学为了落实"卓越工程师"培养计划，精心挑选了上海光明集团等一批在食品、发酵及纺织领域具有领先地位的企业，作为"卓越工程师"合作单位。校企双方可以通过双方的深入沟通与协商，明确并优化专业人才培养方案，共同参与课程体系与教学内容的构建并对人才培养方案进行了全面的重新规划与调整。具体来说，学校的课程设置被精细划分为四大核心模块：通识教育、工程基础教育、工程专业教育，以及工程实践与设计技能训练。此项改革的首要目标在于全面提升学生的理论知识素养与实践技能水平，使他们能够更加从容地应对未来工程领域的各种挑战。

（1）通识教育。通识教育课程单元遵循工程师培养与高素质人才成长的共性需求进行构建。学校将该课程体系划分为综合核心模块与核心技能单元两大主体部分。在综合核心模块中，教学大纲设置了政治思想、体育教育和军事理论等必修课程体系，同时提供社会人文、管理艺术等领域的选修课程选项。这种架构既保障了专业人才身心健康与道德品质的培育，又通过融入环境科学、可持续发展理念及政治法律知识，帮助学生建立符合国际视野的工程伦理观。针对核心技能单元，教学团队重点配置计算机科学与英语语言课程群，通过强化编程实践与双语训练，系统提升学生的信息技术应用能力和跨文化沟通水平。

（2）工程基础教育。工程基础教育课程模块划分为工程学科平台与工程专业平台两大结构单元。工程学科平台构建食品科学、发酵工程与纺织技术三大领域的基础课程群，教学团队通过理论讲授与实验操作相结合的方式，帮助学生建立系统的学科认知框架和实践操作能力。针对工程专业平台，课程体系配置专业核心课程与工程基础实践课程组，教师团队采用项目驱动与案例教学法，重点培育学生在特定工程领域的科学思维模式与研究创新能力。该课程设计的根本目标在于使培养对象既具备扎实的工程学科素养，又形成跨工程领域的综合技术应用能力。

（3）工程专业教育。工程专业教育课程模块主要聚焦于食品、发酵、纺织工程中的核心技术课程。教学团队构建工程设计原理、生产工艺优化与工程项目管理三大课程群组，通过模块化教学与工程案例分析相结合的方式，帮助学生系统掌握食品加工、生物发酵及纺织生产系统的工程知识架构。课程体系特别注重训练学生的系统规划能力，通过工程方案设计与故障诊断实训，提升学生在原料配比优化、菌种选育改良及面料性能测试等环节的问题识别与创新解决能力。

（4）工程实践与设计技能训练。工程实践与设计技能培养单元作为产教融合的关键环节，其中大部分内容需要在企业进行，为期38周。企业导师团队按照原料预处理、工艺参数优化、质量检测分析、设备运维调试及生产计划管控五大实践节点，构建覆盖食品加工、发酵调控与纺织制造的轮岗培养方案。在质量管理部门指导下，每位学生须完成从产品配方设计、中试生产到包装上市的全流程开发项目，并编制包含成本核算与风险评估的产品开发技术文档。学生将通过深入参与生产过程，学习并掌握各个岗位的工程知识。在各岗位的实践过程中，学生需要完成一个产品开发项目的全流程设计与生产，并据此撰写相应的开发报告。

为确保"卓越工程师教育培养计划"在教学团队、教学资源、专项资金及质量保证等各个环节得到有效实施，学校已出台一系列相关政策。作为该计划的一个重要组成部分，教师培训已被提升至学校战略任务的高度。挑选一批具备深厚工程知识背景和丰富实践经验的专任教师，负责自然科学课程的教学工作。每个班级将会被安排至少六门专业课程，而这些课程将由具备五年以上企业工程实践经验的教师进行授课。对专业教师的评估和评价方法进行了改革，着重考察他们在工程研究、工程设计、校企合作以及技术服务等方面的能力。学校积极构建以校内校外实习相互融合、以资源共享为基础的双师型校企教学体系。在条件相同的情况下，优先考虑让学生参与学科竞赛、国际交流项目，并充分利用学校资源。为了支持优秀工程研究，设立专项资金，并根据学校分类为职业学校提供重要的软硬件投入。在师资培养方面，学校为教师及导师提供外部资助，加强青年教师的实践培训，改善教学设施和教材，以及确保实践培训中的安全保障。同时，构建了科学合理的质量评估标准，并建立了学生教育质量的监控机制。为确保职业教育的质量，设立了独立的监察机构，并由教育部门设定职业教育质量反馈系统，以便对教育质量的内外部影响因素进行规

116

范管理。[87]

（二）天津工业大学的卓越工程师培养

2011年，天津工业大学被教育部列入第二批"卓越工程师教育培养计划"试点高校。由此，该校以培养满足区域行业经济社会发展需要的创新性应用型人才为目标，踏上"卓越工程师"培养之路。

遵循教育部"卓越工程师教育培养计划"的总体要求，学校紧密结合天津市经济社会发展的战略布局，依托自身办学特色与优势，在工程教育领域积极构建了国家级（涵盖4个专业）、天津市级（涵盖6个专业）及校级（涵盖2个专业）的三级"卓越工程师教育培养计划"本科教育人才培养体系。该体系旨在培养符合行业企业需求，具备坚实工程原理、工程技术和本专业理论知识，同时拥有创新能力、工程实践能力及相应组织管理能力，能够胜任工程应用与设计领域工作的高级工程技术应用型人才。[88]

围绕核心人才培养目标，学校从顶层规划入手，精心设计了综合性的培养方案蓝图。针对各试点专业，学校进行详尽的培养目标分析，进而构建了一个精准的知识与能力目标达成矩阵。在此基础上，学校进一步将基本素质能力与专业能力素质的培养要求细致化、具体化，确保每一项知识、能力和素质的培养标准都能无缝对接至具体的课程设置与实践环节中。

关于试点专业的培养模式、学分总量及学分分配结构，学校制定明确的指导方针：规定学生在四年学习期间需累积不少于180学分，其中企业实践学习时间不得少于一年，对应的学分至少为40分；专业选修课程学分须达到20分以上；通识类选修课程至少占10学分，且要求学生在经济管理、人文社科及艺术领域至少选修6学分；课外实践活动则设定了不低于4学分的硬性要求；同时，实际开设的任选课程学分需为学生提供超出其实际修习学分1.5倍的选择空间。

学生完成培养计划规定的全部学分，并满足国家及学校设定的各项毕业条件后，方可获准毕业，并享有申请学士学位的资格。对于学业成绩尤为突出的学生，若其平均学分绩点高于70分，且大学英语四级考试成绩达到或超过425分，并能提交展现其工程实践能力的标志性成果，学校将特别授予"卓越工程师培育计划"荣誉证书，以资鼓励。

第二节 "拔尖创新实验班"培养模式

一、"拔尖创新实验班"培养模式的定义

拔尖创新人才培养的渊源可追溯至2009年，其起点标志为教育部所推出的"基础学科拔尖学生培养试验计划"，该计划亦常被称作"珠峰计划"或"拔尖计划"。此计划的核心目标在于吸引杰出学生投身基础科学研究领域，旨在为基础学科领域孕育并培养出领军人才。而其长远愿景，则是构建一个顶尖科学家云集的国际化团队，共同推动科学研究的进步。[89]

随着计划的逐步推行，实施范围也从基础学科扩展到工科，并调整这些学科的适用性。为了实施这一计划，学校特别开设了"拔尖创新"实验班，该班级的学生是从现有的普通班级中精心挑选出来的。在工科方面，采用以项目为主导的培养模式。具体来说，打破传统的学习方式，通过依托工科专业知识和应用项目，让学生在项目研究中深化理论理解，并在项目实施过程中加强对理论的运用。在工科教育领域，以项目为核心的培养模式，依托工科的专业知识和实际应用项目，使学生在项目研究的过程中深化对理论的理解，并在项目的实施过程中增强对理论的应用能力。这种方式可以提升学生的创新创业能力、应用实践能力以及跨学科的综合素养，是对产教融合的人才培养模式的一种有益探索。[90]为了保持人才培养的连贯性，一些"创新驱动"的实验班已经开始着眼于长期的教育体系，即向着连续学制方向发展。纺织类拔尖人才培养情况可以从以下多个方面阐述。

二、纺织类"拔尖创新实验班"培养模式

纺织类拔尖人才的培养目标通常是面向现代纺织行业发展需要，着力培育兼具深厚理论功底与实践应用能力的复合型专业人才。[91]这些人才应具有全球视野、创新精神和社会责任意识，实现个人全面、自由、终身发展。同时能够综合运用工程数理基础知识和纺织工程专业知识，解决纺织工程及相关领域中的复杂工程问题，兼具专业素养与工程实践能力。

"拔尖创新"实验班具有师资团队精英化、授课模式小班化、教育培养方

案个性化及交流平台国际化等多重特征，常见的模式有三种，如图5-1所示。在国内，诸多知名纺织类高校，诸如东华大学纺织学院与天津工业大学纺织科学与工程学院，均已开设此类实验班。综合各方面的评估结果，这些实验班在人才培养方面取得了显著的成效。以天津工业大学为例，该校多届"拔尖创新"实验班的本科生在学术研究与科技创新方面均表现出色。他们频繁在全国数学建模竞赛及各类行业大赛中获奖，申请专利与发表学术论文的学生数量及比例远超普通班级。尤为引人注目的是，该实验班学生的考研升学率高达80%~90%，每年都有学生成功考入或获免试推荐至北京大学、上海交通大学等国内一流高校继续深造。

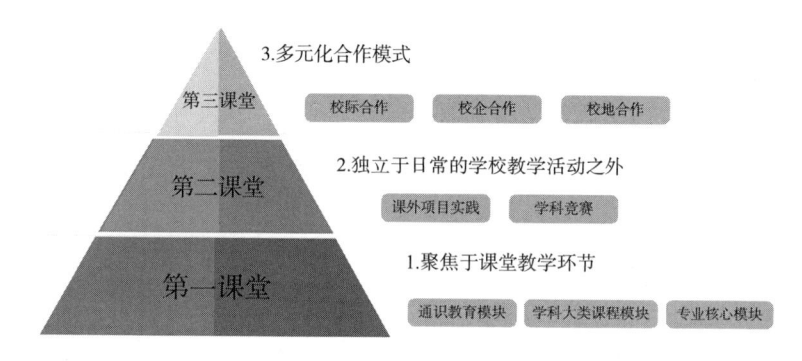

图5-1 国内高校在拔尖创新人才培养的三种核心模式

纺织类拔尖人才的培养是一个系统工程，需要高校、科研院所、企业等多方的共同努力和协作。通过不断深化教育教学改革、加强科教融汇与产教融合、注重创新创业教育以及探索新型人才培养模式等措施，可以更好地培养出适应现代纺织行业发展需要的拔尖人才。

三、案例介绍

（一）东华大学钱宝钧学院

2020年12月，东华大学正式成立钱宝钧学院，该学院以中国化学纤维工业与纤维高分子科学的开创者及奠基人——原华东纺织工学院院长、中国纺织大学名誉校长钱宝钧先生的名字命名。学院遵循国家战略导向与社会需求，以交叉融合为显著特色，以培养复合型拔尖创新人才为核心目标。学院不断加强顶层设计，积极规划新兴专业布局，有效整合优势资源，并围绕"新兴专业培育摇篮、改革措施试验场地、人才培养新高度"的定位，致力于构建学校本科教育教学改革的示范区，是该校在推进拔尖创新人才培养方面迈出的重要一步。

学院通过定位新兴专业的孵化平台，着力推进前沿专业领域的培育与建设。该培养机构以国家战略需求与院校特色定位为根基，搭建学科交叉融合平台，重点培育契合产业变革趋势的新增长点。依托主题实验班、理科实验班等特色教学单元，持续推动课程体系重构与教学方法创新，在保持传统专业内涵质量的基础上注入发展活力。根据地方经济发展，及时优化专业布局结构，既注重传统专业的提质增效，又主动开拓新兴领域的技术创新，使学科建设始终与产业升级保持同步演进，形成传统与新兴领域协同发展的良性循环。

通过构建学科交叉融合的创新实践平台，本学院着力推进复合型人才培养体系改革。以打破学科壁垒与专业边界为突破口，在人才培养过程中实现双重范式转换：教育模式从传统的学科导向转向能力导向，教学主体从教师单向传授转为师生协同互动。在具体实施层面，严格将新设专业及创新实验班的招生规模限定在30人以内，形成小班化培养优势。这种培养体系特别注重三个维度的创新探索：通过双向选择的动态选拔机制激活学生内驱力，依托智能化学习空间重构教学场景，借力多功能体育设施促进身心协调发展，从而系统构建起"小班化教学、国际化视野、个性化发展"三位一体的育人新范式。

学院首要任务是构建卓越的师资队伍，重点实施领军人才引领战略，通过引进具有学科影响力的导师团队整合优质教育资源，同步推进校内杰出科研骨干转型为教学导师的双向赋能机制，着力提升教师队伍的整体教学能力。在课程体系构建方面，聚焦知识体系的深度拓展与前沿延伸，系统推进专业核心课程群的迭代升级，在保持通识教育基础性功能的同时，强化课程内容的创新维度与学术挑战性。

学院以学科重构与范式转型为突破口，着力推进教育体系的结构性变革。通过建立跨学科协同育人机制，系统破除理科与工科、艺术与工程间的传统隔阂，在课程体系、师资配置、科研平台等维度形成深度融合态势。建立校院协同育人平台，推动教育理念实现双重转变：从学科知识传授转向核心能力培养，从教师主导型教学转向学生中心型学习。通过跨院系师资整合、项目制课程开发、产学研联合培养等创新路径，构建起贯通基础研究、工程实践与艺设计的复合型育人生态。

高等教育机构正积极探索人才培养模式升级路径，着力构建符合国家与区域战略发展的新型育人体系。为了满足国家和上海市的战略需求，各大高校正着手打造新型专业，并致力于实施全面而新颖的人才培养方案，他们将重点打造"卓越师资、精品课程、高端标准"三位一体的培养架构，推动人才培养从知识传授向创新能力塑造转型。典型实践案例中，"材料智能制造拔尖创新人才实验班"面向全校跨学科选拔，覆盖材料、化工、纺织、机械、环境、信息、计算机等7个学院的30名二年级学生，形成多学科交叉的集约化培养单元。通过整合材料基因组工程方法、智能算法开发、先进表征技术等跨学科内容，构建起覆盖材料设计—制备—检测全流程的创新实践平台，为培养具备交叉学科视野的复合型人才提供实践载体。

该培养模式的核心在于通过案例分析和课题式教学提升学生能力，关键在于培育学生整合多学科知识和技能，以及利用各类尖端技术应对实际的科学和工程挑战。以国家重点学科"材料科学"和国家重点实验室"高级纤维材料改性"为依托，实验班为学生构建了一个充分开放的实践与创新平台。同时，组建了一支卓越的指导团队，负责指引学生掌握并应用前沿的材料研发技术，探索智能材料制造的最新课题。实验课程涵盖多个主题，包括但不限于材料微观结构的深度分析与预测、聚合物及软材料的计算机模拟技术、复合材料的创新结构设计、3D打印技术的模拟与实践操作，以及数据科学技术在材料研究与生产领域的实际应用等。在教学实施过程中，注重理论与实践的深度融合。借助深入的案例分析与团队协作实践，逐步培养学生的创新思维，增强其团队协作能力，并致力于提升其解决复杂实际问题的能力。该课程始于大二第二学期并延续至大四第一学期，每个学期将安排1~2门课程，总计达到10个学分。这些课程学分可用于抵扣本专业的选修课程或学科基础课程所需的学分。当学生圆满完成所有课程并达到合格标准时，将会获得结业证书以及其他相关证明文件。

在跨越学科界限的进程中，交叉学科人才培养已展现显著的成效。目前，新材料现代产业学院已成功跻身国家首批50所现代产业学院的行列。此外，学生屡次在全国大学生电子设计竞赛、中国机器人及人工智能大赛、全国大学生信息安全大赛等多项重大赛事中荣获一等奖，进一步卓越教育水平。

(二)绍兴文理学院产业学院创新班

绍兴文理学院学院将构建"中本一体化、普通本科班、智能纺织创新班、专硕专业人才"多层次人才培养体系。纺织智造现代产业学院将成立智能纺织创新班,该班级将深度融合产学研,形成"理论奠基—实践强化—创新驱动"的培养闭环。通过与企业合作,让学生参与真实的项目研发,实现知识与技能的有效转化。学院计划从本科生二年级开始选拔,选择部分优秀学生组成创新班。产业学院设立专项创新基金,鼓励师生共同开展科研项目,探索纺织新材料、新工艺、新技术。此外,还将定期举办行业论坛、技术创新大赛等活动,搭建交流平台,拓宽学生视野,助力其成长为引领纺织行业未来的创新型人才。

第三节 "书院制"培养模式

一、"书院制"培养模式的定义

"书院制"培养模式在国内大学中出现的时间较早,作为我国高等教育改革的重要探索,其核心价值在于重构传统教育生态。该模式通过打破学科专业壁垒,在生活空间与学术场景中构建跨领域交流场域,使学生在日常学习研讨中自然形成知识融通的思维习惯。在课程体系设计层面,着力强化文史哲艺等通识课程群建设,既注重提升学生的人文艺术底蕴,又强调专业技能的进阶培养,形成人文素养与专业能力互哺的育人格局。学院、书院两类教育主体通过资源共享、课程互嵌等方式形成育人合力,既保留专业教育的深度,又拓展通识教育的广度,最终培育出兼具文化底蕴、创新思维与实践能力的复合型人才,有效对接国家战略对高素质人才的需求特征。

传统上,国内高校通常以学院或专业为单位安排学生住宿并进行集中管理。书院制改革以学院专业划分的住宿管理模式,对长期依托宿管员与辅导员协同管理的运行机制形成结构性冲击,客观上推动高校治理体系现代化进程,这一变革也将为我国高校的治理能力建设提供宝贵的参考。所以在借鉴欧美书院制经验的过程中,应立足于我国的实际情况,勇于探索,不断创新,以适应时代的发展需求。[92]书院制相较于现有的学生学习和教育管理模式有其独特性。书院制改革在人文素养的提升、人格情商的塑造、创新思维与创造力的培养、领导才能的锻炼，以及职业技能的拓展等多个方面，对大学生综合素质的培养具有显著的影响。因而书院制有望成为推动大学生全面发展的有效平台。[93]

马珺指出，书院制的根本建设目的在于补足大学"学院＋专业"育人方式的短板。该制度以学生为中心，围绕其住宿社区，深度挖掘并利用多方面的教育资源，以构建一个完备的"三全育人"体系，进而全面提升教育质量。在实施应用型本科高校的书院制建设时，应充分利用校内外各种教育资源，为学生提供更广阔的成长空间，创新培育方式，以助力学生的全方位发展和潜能的释放。书院制建设应明确其应用型的方向，重视学生实践和创新能力的培养。书院制改革既注重发挥应用型高校服务地方产业的优势，又着力拓展学生发展空间，形成知识传授、能力培养与人格塑造相统一的新型育人平台，为高等教育质量提升提供实践参照。[94]

二、纺织类"书院制"培养模式

书院制实质上是一种与素质教育、通识教育紧密相关的人才培养模式，代表了由素质教育理念驱动的高等教育人才培养模式改革的重要探索之一。

目前，国内众多高校纷纷投身于书院制教育改革的浪潮之中，清华大学、北京大学、复旦大学以及西安交通大学等高校赫然在列。这些高校通过成立专门的书院或住宿学院，实施书院制教育，取得了显著成效。在纺织类高校中，也不乏书院制的身影。绍兴文理学院早在2010年便已开启书院制改革的征程，稳步推进相关举措；而苏州大学也于2019年设立紫卿书院，积极探索契合"新工科"需求的纺织人才培养新模式，在创新育人的道路上不断迈进。

书院制改革的核心理念在于整合学习与生活，通过发挥社区的育人功能，强化课外通识教育，并推行导师制及混合住宿等举措，如图5-2所示，以此作为对专业教育与课堂教学的有力补充。书院制培养的最终目标是通过构建一个将课内与课外经验融合的教育模式，全面促进学生的发展。

三、案例介绍

（一）苏州大学紫卿书院

2019年11月15日，苏州大学正式成立紫卿书院。该书院聚焦"三全育人"的综合改革，致力于探索和实践全新的书院制人才培养模式，这一举措被视为

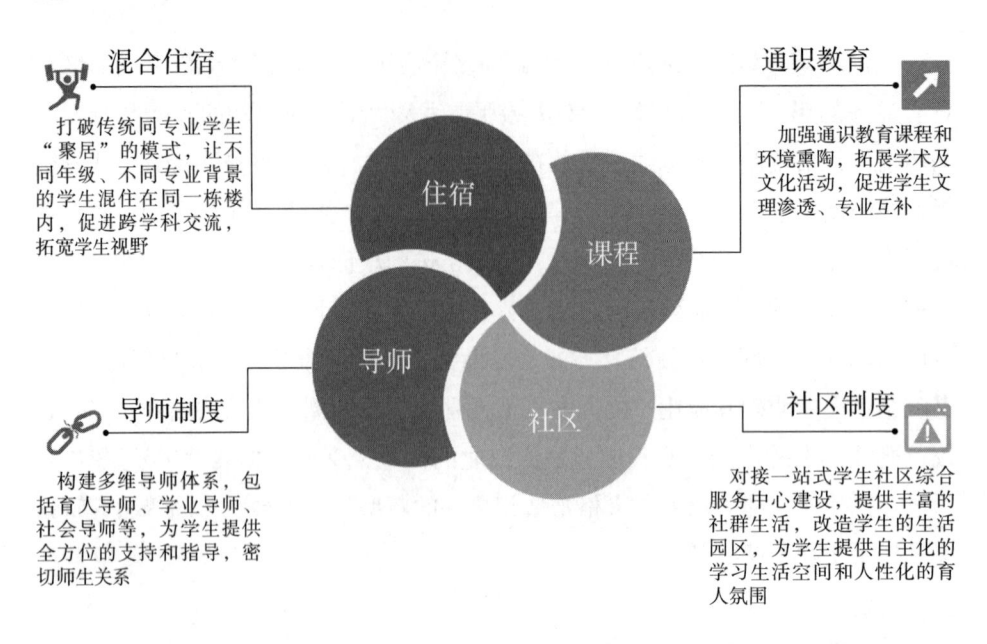

混合住宿
打破传统同专业学生"聚居"的模式，让不同年级、不同专业背景的学生混住在同一栋楼内，促进跨学科交流，拓宽学生视野

通识教育
加强通识教育课程和环境熏陶，拓展学术及文化活动，促进学生文理渗透、专业互补

导师制度
构建多维导师体系，包括育人导师、学业导师、社会导师等，为学生提供全方位的支持和指导，密切师生关系

社区制度
对接一站式学生社区综合服务中心建设，提供丰富的社群生活，改造学生的生活园区，为学生提供自主化的学习生活空间和人性化的育人氛围

图 5-2 书院制核心特点

加快推进"双一流"建设的关键步骤。[95]

紫卿书院的命名源自近现代著名蚕丝教育家和革命家、苏州丝绸工学院的原校长郑辟疆的字"紫卿"。紫卿书院秉承"诚谨勤朴，经纶天下"的院训，致力于培育具备深厚人文素养、开阔人生视野、广博知识储备，以及出色工程实践、科研创新能力和国际竞争力的高素质复合型新工科人才。

紫卿书院全面推行全员覆盖的育人体系，该体系广泛纳入纺织与服装工程学院全体本科生的培养范畴。为顺应"新工科"时代背景下纺织专业人才培养的新要求，书院在精心策划育人蓝图与课程体系时，严格遵循"校企合作、产教结合、科教融合"的核心理念，对既有的专业核心课程体系进行了系统性的优化与革新。课程结构划分为四个方面：通识教育基石、专业基础构建、高端纺织探索以及创新实践平台。在此基础上，专业选修课程体系得到了丰富与拓展，特别融入了"新工科"模块，这些模块涵盖了新型纺织产业未来展望的专业普及课程与尖端课程，诸如产业趋势深度剖析研讨会、专业展览会实地考察、智能纺织制造技术创新，以及管理智能化策略等多元化内容。此布局策略不仅促进了跨学科知识的融合，还有效地打破了传统专业界限，使学生在夯实专业根基的同时，能够敏锐捕捉行业动态，掌握前沿技术与实用技能，为未来的职业发展奠定坚实基础。[95]

紫卿书院围绕"三全育人"理念，落实立德树人根本任务。书院执行了一项本科生成长陪伴计划，该计划以学生为中心，秉承"以学生自主管理为基础、注重学生个体感知与自我成长、依据学生需求促进其个性发展"的理念。为了实现这一理念，书院聘请教职员工、优秀校友、业内专家、退休教师以及高年级优秀学生担任导师，为学生提供包括思想引导、学业辅导、科技创新指导、创业实践支持、职业生涯规划、生活建议和心理疏导等多方面的个性化指导与帮助。这一系列的措施能够全面、全程地陪伴并引导学生的成长。同时，书院的学生管理服务模式也充分反映了以学生为中心的原则，通过设置启航、事务、成长和发展四大中心，为学生提供全方位、多层次的成长支持服务。

（二）绍兴文理学院书院制改革

绍兴文理学院自2010年便实施书院制的改革，通过将学生公寓区域细分为不同的书院，建立独特的管理体系和多元化的书院活动，有效推动了书院制建设，这一举措被视为增强应用型大学构建、完善全员教育机制和思想政治工作体系的重要策略。在此过程中，学院不断创新机制，务实地推进书院工作，从而形成了独特的书院制学生工作体系，即"学院与书院并存且实在""双院协作、团队统一"以及"学生自我管理、自我服务"。这种独特的书院制度使绍兴文理学院在2015年荣获全国高校学生公寓工作优秀成果的一等奖。在这种体系下，学院主要负责"第一课堂"的教学任务，而书院则肩负起"第二课堂"的职责，并执行教育、管理及服务三大核心职能。

纺织科学与工程学院在树人书院内部建立了一个名为"衣诺坊"的工作室。该工作室装备了缝纫机、熨斗、衣柜等必需设施，并由一群担任"小裁缝"的志愿者运营。他们为师生提供包括衣物缝补、拷边、修改尺寸、熨烫乃至搭配建议在内的全方位服务。此外，"诚信驿站"与"衣诺坊"等道德教育实践项目的设立，不仅深化了书院的诚信教育，还成为推广公益活动的有力平台。另外，每个书院都根据"六室两房"的标准配置了功能空间以及书院讲堂、学生事务与就业指导中心、艺术工作区（包含音乐练习室和绘画室）和健身房等多元化的学习和活动场所。

第四节 国际化人才培养模式

一、国际化人才培养模式的定义

国际化人才培养模式的构建，涉及对国际与国内两种不同教学资源、师资力量的有机融合，并将其深入渗透课程体系构建、教学活动实施、教师科研活动及学生全面发展等各个环节中。国际化人才培养模式的核心目标是培养出具备国际竞争力及广阔国际化视野的高素质人才。

在课程层面，当前存在三种主要的融合式课程体系层级。一是双语课程，这类课程由国内教师独立授课。二是另一类双语课程，这类课程由国内外教师联合授课，它们在国际化人才培养的学科平台中占据重要地位，并具有核心专业的特性。三是授课模式为全英文授课，主要由外籍教师负责，是国际化人才培养模式中的重要组成部分，纳入专业必修课程及限定选修课程的范畴之中。这三个层级的课程体系实际上构建了三种不同的中外教师合作教学模式。

在推进国际化教育进程中，构建中外学生协同发展的学习共同体具有重要实践价值。通过整合跨文化教学资源，形成中外学生同班授课的混合编班机制，将双语专业与英语专业学生纳入统一教学框架，确保教学目标与评价体系的内在一致性。依托联合实践平台建设，中外学生共同参与暑期企业实习、区域产业调研等实务项目，在跨境电商运营、国际贸易谈判等真实业务场景中深化专业认知与协作能力。通过搭建学术文化交流载体，组织中外学生联合策划国际文化节、科技创新周等活动，在传统手工艺展演、数字艺术创作、智能产品设计等多元主题中促进文化互鉴。进一步深化校际合作网络，依托"3+1"双学位、"2+2"联合培养等跨国教育项目，构建中外高校课程互认、学分互通的流动学习机制，使学生在跨文化环境中系统提升国际商务英语应用能力，同步拓展全球化视野与跨文化沟通素养。

二、纺织类国际化人才培养模式

中国纺织工业的全球化发展特征对国际化专业人才提出了更高要求[96]。当前纺织类高校在国际化人才培养领域的研究虽取得初步成果，但仍存在明显短板：现有研究多呈现碎片化特征，多数研究局限于特定环节的探讨，缺乏对人才培养体系的整体架构分析；同时在国际化教育的对象区分度方面，尚未形成针对本土学生国际竞争力提升与来华留学生专业培养的差异化策略体系。针对本土学生与国际学生制定精准的培养路径，通过优化课程设置、实践平台与文化融合机制，实现教育资源的高效配置与人才素质的全面提升。

（一）"面向纺织国家战略"探索纺织类国际化人才培养模式

纺织行业的国际化人才培养需深度对接国家战略布局，特别是在"一带一路"倡议框架下构建特色育人体系。"一带一路"倡议不仅为我国现代化建设注入新动能，更通过纺织产业链的全球布局推动共建国家在纺织装备升级、技术转移与产能合作等领域的协同发展。纺织企业通过投资建厂、技术输出等方式，在促进当地工业化进程的同时，有效带动就业岗位增长与民生改善。在此背景下，催生的教育创新方向，针对共建国家纺织专业留学生的培养既可服务于倡议实施的人才需求，又能深化纺织产业国际合作基础，通过开发融合纺织工程技术、跨文化管理、国际商贸规则等要素的课程体系，系统培养既通晓中国纺织产业经验又熟悉对象国产业生态的复合型人才，为纺织产业国际合作提供可持续的人才支撑。

（二）"面向行业需求"探索纺织类国际化人才培养模式

纺织产业自加入世界贸易组织以来持续深化国际化进程，在全球价值链中构建起显著竞争优势。在实现纺织强国战略目标背景下，行业对国际化人才的需求呈现新特征：既需要具备全球视野的技术研发团队推动产业升级，又亟须通晓国际规则的管理人才引领全球资源配置。通过优化国际留学生教育，培养熟悉中国纺织产业模式的专业人才，助力技术标准与产业经验的全球传播，为纺织产业国际合作提供可持续的人才支撑。

三、案例介绍

（一）东华大学走特色强校之路

东华大学积极搭建以人才培养为核心的国际化合作办学平台，与世界一流大学或一流学科进行全面合作，双方通过办学管理经验分享、教学方法与理念以及学科建设方向等方面的深度合作，深入推进该校的国际化人才培养进程。

该校与国际高校的合作办学取得了较好的发展,不少国际合作项目先后得到中华人民共和国教育部、上海市教育委员会的批准,并获办学许可证。纺织类相关的两项中外合作办学学历教育项目主要有中日合作的东华大学 VS 日本文化学园大学服装艺术设计专业、中德合作的东华大学 VS 德国劳特林根应用技术大学轻化工程专业两个专业。

东华大学服装与艺术设计学院的国际化布局深度融入全球时尚产业核心圈层,是全国纺织类高校国际化学院的标杆。学院建立的跨国合作网络覆盖纽约、巴黎、米兰、伦敦、东京五大国际时尚中心,与美国纽约时装学院、意大利欧洲设计学院、法国巴黎国际时装艺术学院等顶尖院校形成稳定合作机制。教学成果方面,本科生创意作品不仅登上香奈儿、阿玛尼、芬迪等国际奢侈品牌的联合展演平台,更连续斩获日本文化服装学院颁发的年度"校长奖"殊荣。通过跨国课程共建、联合创作展演、国际赛事参与等多种渠道,该校构建起贯通设计教育、产业实践与文化传播的多维度培养平台,为培育具有全球时尚话语权的专业人才提供了实践支撑。

1. 中日合作的东华大学 VS 日本文化学园大学服装艺术设计专业

东华大学服装与服饰设计专业(中日合作班)是由东华大学与日本文化学园大学联合办学的国际合作学历教育项目,2012 年中华人民共和国教育部批准并纳入国家普通高校全日制统一招生计划,由中日双方共同制订教学计划和专业课程教学大纲的本科教育专业。2012 年中日合作办学被评为上海市首届示范性中外合作办学项目。该专业学制为四年,约前两年半在国内东华大学学习,后 1~2 年的符合条件者可赴日本学习,即在三年级下半学期至四年级上半学年期间,前往日本文化服装学园大学深造,然后大四下半学期返回东华大学完成毕业设计。成绩达标者将由东华大学颁发东华大学本科毕业证书;同时,日本文化服装学园大学也将授予其文化服装学园大学毕业证书。此外,对于学业成就卓越、符合学位授予条件的学生,东华大学还将颁发学士学位证书。[97]

2. 中德合作的东华大学 VS 德国劳特林根应用技术大学轻化工程专业

德国劳特林根应用技术大学轻化工程本科专业(中德合作班)是由东华大学化学与化工学院与德国劳特林根应用技术大学自然科学学院联合办学的国际合作办学项目。该项目于 2011 年经教育部批准,由国家普通高校全日制本科统一招生录取。该项目学制为四年,第一学年在东华大学上课,从第二学年开始,由德方教授来华上课,英语讲授基因工程技术、微生物技术与纺织品等八门专业课程,并使用德国提供的英文讲义。根据成绩进行筛选,择优录取15%的学生(7~10名学生)到德国完成大四一年的学业,优秀的学生可以进一步深造,选择在德国劳特林根应用技术大学攻读硕士学位,以拓宽其学术视野与专业能力。对于在东华大学及合作院校成功完成全部课程且学业成绩优异的学生,将由东华大学正式颁发东华大学本科毕业证书及国务院授权的工学学士学位证书。[98]

(二)苏州大学纺织类本科国际化创新人才培养模式探索与实践

2012年起,苏州大学始终依托国家纺织服装设计实验教学示范中心以及纺织科学与工程学科等优质平台,借助"三位一体"的教学模式,着力培养国际人才。学校实施了三项深化措施:构建国际化的课程体系,创新和丰富国际教学模式,以及加强国际教学团队建设。同时,学校还根据学生的个性化需求,建立了多元化的国际人才培训平台,并确立了一套完善的工作体系和机制。国际化创新人才培养模式的构建,正致力于解决当前国际化创新人才的培养目标尚不十分清晰、国际化课程体系的构建尚不完善、多元化缺失,以及国际化人才培养保障机制运行不畅等四大核心挑战,苏州大学明确了其人才培养的目标定位。为达成这一目标,学校从课程体系优化、国际化教学模式的创新实践、国际化师资队伍的培育与壮大、国际交流平台的搭建与完善、国际化工作制度的保障,以及相关工作机制的建立等多个维度出发,实施了全面的改革与提升策略。[99]

1. 重构本科人才培养方案,明确国际化创新人才培养目标

2016年,学校全面修订各专业培养方案,基于系统的行业调研与需求评估,精准把握纺织产业升级对人才能力结构的新要求。为了进一步完善培养方案,学院邀请国内外多元主体参与,除了邀请行业内知名的企业代表、校友代表、同领域的高等教育专家、专业教师以及在校学生代表等,还邀英国曼彻斯特大学、北卡罗来纳州立大学及迪肯大学的资深教授,对现有人才培养方案进行了详尽的审查与修订。在新型全球化发展语境下,明确将培养目标定位于塑造具有创新思维与跨界整合能力的复合型纺织人才,在培养规格设计中着重强化科研创新能力、国际规则运用能力及跨文化交际能力等核心素养,形成既契合产业转型需求又具备国际可比性的专业人才培养体系。

2. 打造国际化课程体系，创新多样化教学模式

在对国外知名纺织院校的纺织类课程体系的持续追踪与研究背景下，全面优化与重构既有的课程体系，建立起与国际顶尖纺织院校相媲美的课程体系。在教学方面，不仅精心挑选了部分核心课程实施双语或全英文授课，还通过邀请国际知名学者和专家进行学术讲座、与国外教授联合开设课程（例如，与澳大利亚国际羊毛局合作开设"纺织材料学"和"纤维化学与物理"2门课程，与利兹大学的教师共同建设"针织学"课程）、定期组织与国外大学的学生成果研讨与交流活动等多种途径，以提升学生在国际化背景下的知识应用能力以及跨文化沟通能力。

3. 多举措强化国际化师资队伍建设

学院致力于平衡外部引进与内部培养，在积极引进具备海外学术背景的教师的同时，也着重加强现有教师队伍的国际化视野和能力建设。学院邀请国外资深教育专家来校为青年教师提供教学培训并与他们共同开展教学活动。

4. 适应学生个性化需求，搭建多元化国际交流平台

为满足学生的多样化需求，积极开辟各种长短期国际交流活动，能够为学生构建多元化的国际交流平台。在长期项目层面，学院实施了国家留学基金委优秀本科生国际交流项目，该项目每年定向资助一定数量学生赴海外进行交流学习。此外，学院还与英国曼彻斯特大学、利兹大学分别签署了"2+2"联合培养协议及"4+1"本硕连读培养项目，为有志于深入学习国外课程的学生提供了宝贵机会。同时，与美国北卡罗来纳州立大学达成了"3+X"加速硕士项目的合作协议。在校生还可以结合个人兴趣和实际情况，进行多项长短期的交流项目可以选择。通过上述举措，学院致力于为学生拓宽国际视野，提供更多的学习机会。

5. 构建校院两级国际化培养工作保障机制

经过数年的探索与实践，纺织类国际化人才的培养模式已日渐成熟，已形成校院联动的长效保障机制。校级层面建立涵盖国际化工作考核指标体系、海外交流奖学金实施细则、跨国课程学分认定转换规程等在内的制度框架，为国际交流提供政策支撑与资源保障。院级层面组建由教学院长牵头，外事、教务、学工及各系负责人构成的学生出国交流专项工作组，依据项目周期制定阶段性任务清单，重点突破跨部门协同难题。针对长期海外交流项目的课程衔接

问题，学院与教务部门联合优化培养方案，明确规定思政类必修课程须在前两学年完成，同步制定健康评估、形势与政策等课程的弹性修读方案，确保学分转换顺畅实施。在国际学生管理维度，教务部门与学工系统建立动态信息共享机制，通过前置培训、过程跟踪、回国衔接等环节形成管理闭环，保障跨国培养质量与学业连续性。

苏州大学在国际化人才培养模式上，不仅明确了纺织类国际化人才的培养方向，还通过课程体系重组、教学方法革新以及多元化交流平台的搭建，系统地构建了全面的人才培养路径。此外，学校与学院之间的紧密协作，也极大地推动了相关政策的高效执行，进而显著提升了整体工作成效。为了进一步强化国际化工作的推进，学校建立了一套完备的国际化工作考核机制，并对各项考核指标进行了详尽的细化，这极大地激发了二级学院的积极性和工作动力。同时，学校还推出了相应的学分转换制度和奖学金激励机制，这些措施为学生的海外交流提供了坚实的支撑和保障。在学院层面，教务与学生管理部门已经形成了独具特色的工作流程，尤其是在学生派出和管理工作方面。教务与学工部门之间的无缝对接与紧密合作，为学生的国际交流活动提供了强有力的后盾。

第五节　纺织类创新人才培养模式启示

一、创新人才培养是时代的呼唤

2025年1月19日，中共中央、国务院印发的《教育强国建设规划纲要（2024—2035年）》提到"完善拔尖创新人才发现和培养机制。深化新工科、新医科、新农科、新文科建设，强化科技教育和人文教育协同，推进理工结合、工工贯通、医工融合、农工交叉，建强国家卓越工程师学院、国家产教融合创新平台等"。"创新思维、创造力及革新能力"构成了创新人才的关键三维度。其中，创新思维作为革新的基石与驱动力，解答了"创新之必要性"的疑问；而创造力与革新能力则聚焦于"如何实施创新"的实践层面。创新流程本质上是一个转化历程，旨在将构思、理论与设计蓝图转化为具体产品。创新人才的核心特质涵盖社会担当、正向价值观以及完整人格的构建。在创新型人才培养方面，纺织院校应从以下三大维度考量：首要任务是优化工程创新人才培育架构，依托"卓越工程师教育培养计划"，强化顶尖工程创新人才的教育质量；其次，致力于构建具备国际视野的创新人才培育体系，通过深化国际合作办学项目、实质性协作机制，搭建国际创新人才培养舞台，拓宽国际交流路径；最后，着重打造创新创业人才培养机制，确立并完善创业成就与学分互认的教学管理体系，以积极措施激励并支持大学生的创新创业活动。

二、纺织类人才培养模式的选择逻辑

纺织类人才培养模式的选择需基于行业需求导向、学校定位适配、学科特色强化三维逻辑框架。

（一）行业需求导向

立足纺织产业智能化、绿色化、国际化转型趋势，针对新材料研发、智能纺织装备、时尚设计、生命健康等细分领域人才缺口，精准匹配培养模式。例如，面向智能制造领域侧重"卓越工程师"模式，面向新材料研发领域采用"拔尖创新实验班"模式。

（二）学校定位适配

（1）研究型高校。以"拔尖实验班+国际化"双轮驱动，聚焦前沿技术突破与全球竞争力培养。

（2）应用型高校。以"卓越工程师+书院制"结合，强化工程实践与人文素养协同。

（3）地方特色院校。依托区域产业集群，构建"卓越工程师+定制化订单班"模式，服务地方产业升级。

（4）学科特色强化。突出纺织学科交叉属性，融合材料科学、人工智能、设计美学的跨学科培养体系。例如，江南大学纺织学院通过"书院制"开设"智能纺织与数据科学"微专业，培养复合型人才。

三、纺织类人才培养模式选择的实践启示

（1）产教融合深化。推行"双链融合"育人生态，校企共建"技术攻关导向"实践平台。例如，天津工业大学与恒力集团共建"高性能纤维卓越工程师班"，将企业研发项目嵌入毕业设计环节。

（2）跨学科整合创新。打破传统学科壁垒，构建"纺织+X"课程矩阵。如东华大学开设产业学院创新班，构建"纺织+人工智能""纺织+生物医学""纺织+时尚设计"三大交叉课程群，深度整合纺织科学与工程、信息技术、管理科学、材料科学、设计艺术等多个学科，培养具备跨学科知识与创新能力、能够引领产业升级的复合型人才。

（3）文化传承赋能。在"书院制"中嵌入纺织非遗传承、时尚美学教育。如苏州大学纺织与服装工程学院成立紫卿书院，紫卿书院依托苏州深厚的丝绸文化底蕴，将纺织非物质文化遗产的保护与传承融入日常教学与实践中，旨在培养既具备扎实专业知识，又深刻理解并热爱传统文化的复合型人才。

四、典型案例与模式创新

（1）多模式协同范例。东华大学实施"卓越工程师计划（纺织工程）+国际化菁英班（服装设计）"双轨制，学生可跨模块选修课程，参与米兰时装周校企合作项目，实现技术能力与全球视野的双重提升。

（2）数字化转型实践。浙江理工大学"纺织产业互联网拔尖班"引入数字孪生技术实训，联合阿里巴巴犀牛智造开展"云上纺织工厂"虚拟仿真教学，培养智能制造系统架构师。

（3）乡村振兴融合。武汉纺织大学成立"纺织非遗与乡村振兴"实践团，组织学生赴湖北红安等地开展土布技艺数字化保护与文创产品开发，服务地方文化经济。

五、未来发展方向

（1）标准引领。推动建立纺织类人才培养国家标准，明确不同模式的能力矩阵与认证体系。

（2）技术赋能。构建纺织教育元宇宙平台，实现虚拟纺纱、智能染整等场景的沉浸式教学。

（3）生态共建。成立全国纺织产教融合共同体，整合院校、企业、行业协会资源，形成"人才培养—技术研发—产业服务"闭环生态。

第六章 纺织类本科人才培养的课程教学模式

第一节 应用型课程教学模式

一、应用型人才培养模式改革背景

高校的核心使命在于人才培养，为此每一所大学都需要深入探讨两个核心问题："培养什么人"以及"如何培养人"。前者主要关乎人才培养的具体目标设定，而后者则着重于实现这些目标的方法和路径。这两个问题的答案，均可以在高校的人才培养模式中得到明确的体现。

在确定人才培养目标时，不能仅仅依赖于办学者的个人偏好，或者盲目地效仿其他高校，甚至与它们进行简单的比较。相反，高校应该以社会的实际需求、历史背景以及他们未来的发展潜力作为决策的基础。社会需求对高校人才培养的影响，在很大程度上受到社会分工发展程度的制约。随着社会分工的不断深化，社会对高校所需人才的多样性和差异性也随之增强，二者之间存在着直接的正相关性。换言之，社会分工越细致，高校需要培养的人才类型就越发多元化和差异化。这种多样化的需求不仅催生了高校的分类与分层趋势，更进一步导致了不同高校在设定人才培养目标时的差异性，形成了各自独特的定位。当然，"跨越式"发展也是可能的，但这通常需要有特殊的历史性机遇。此外，人才定位还应当包括对学校未来发展方向的深思熟虑。发展，本质上意味着不断前行与自我完善，换言之，发展的表现形式并非单一，而是二维甚至多维度的，高校需要结合实际选择适合自己的发展路径。

随着我国产业结构的持续优化以及高等教育规模的迅速扩张，社会对高校人才培养的多元化需求愈发显著。面对大学生就业形势的日趋严峻，高等教育体系正逐步演变为更加多元、多层次和多类型的格局。地方本科院校若想要在众多"精英教育""学术型"人才培养模式的高校中站稳脚跟，应寻找到适合自己的道路，倡导并实施应用型人才的培养策略。

在国家本科教育体系内，地方高校肩负着持续培养具备应用型人才的长期使命。为了更贴切地满足当地经济和社会进步对本科毕业生的需求，地方高校应综合考虑自身的地理资源、教育资源配置以及区域经济发展需求，从而制订出更为明确、具体的应用型人才培养目标。具备扎实的专业理论知识和实践能力，以及出色的创新思维，是在高等教育多样化背景下，推动经济社会发展的关键要素。这种培养模式的形成，既是地方高校为应对高等教育激烈竞争环境的自然选择，也是提升学生竞争力、确保学校能够脱颖而出并实现长期稳定发展的基础保障。[100]

二、应用型课程教学模式改革探索案例介绍

绍兴文理学院对应用型人才培养的目标定位清晰明确，能够培育具备高度社会责任感、深厚专业知识与精湛实操技能的高级专门人才。这类人才应能够灵活地整合现有知识与技术，以创新的方式解决其专业领域内相对复杂的实际问题，从而成为行业内不可或缺的应用型专家。学校在应用型人才培养方面投入巨大精力，其推进过程中涵盖了人才培养方案的制订、课程教学大纲的修订，以及课程教学模式的改革这三大关键步骤。[101]

（一）厘清"培养什么样人"的目标定位，抉择"如何培养人"的教学模式

应用型人才的培养本质上是一个由普通人力资源向具有应用能力的人力资源的转变过程，而学生将知识转化为实际应用的能力是这一转变的核心。因此，应用型人才与理工科人才的主要区别在于实际操作和应用技能。这种应用能力，结合复杂的专业背景，以及与学术研究相关的三个特性，形成了运用所学知识、工具和技能来解决技术性问题的方式，而非仅仅是发现问题的能力。从初步的创新能力到熟练应对复杂问题的技能，这不仅局限于直接用专业能力处理行业中的具体问题。知识和能力构成了一个独特的领域，知识的掌握应以满足实际需求为准则，尤其要强调对专业知识的深入理解。同时，知识作为能力发展的基石，其最终目的是促进个人能力的全面提升。因此，在学习的过程中，不仅要确保所学知识的充足与实用性，更要着眼于能力培养这一终极目标。

（二）确定"应用实践、面向实际、学会学习"的应用型课程教学模式整体框架

1. 教学目标以培养学生应用实践能力为本位

绍兴文理学院在人才培养目标的定位上，明确聚焦于对应用型人才的培养，而非仅仅着重于技能操作层面或原始创新能力的研究型、学术型人才的培养。相反，学院致力于培养那些能够灵活运用专业知识与技术手段，富有创造

性地应对本专业领域内错综复杂的实际问题的高端人才。此类人才的核心竞争力显著体现在其卓越的应用实践能力与创新能力上，确保学生能够在实际工作环境中独当一面。在知识层面，学生不仅需要拥有系统的知识体系以区别于技能型人才，同时还应具备坚实的专业知识。在能力方面，"应用"是最大的特征，学生需在掌握全面、系统的专业知识基础上，具备将知识和技术应用于实际的能力，以及进一步的开发和创新能力，这些能力主要体现在他们的专业素养上。此种人才培养模式不仅满足了社会对各类专业人才的需求，同时也契合了高等教育机构的人才培养理念。[101]

在理论课程方面，要守牢课程教学主阵地，将知识传授与能力培养紧密结合，确保在传授知识的同时，也能有效地提升学生的能力。要在知识传授中巧妙地融入能力培养的元素，使知识传授真正为学生的智力开发和应用能力提升服务。通过这种方式，可以提升学生的理论思维以及其他多方面的能力。

在实验课程中，学生被要求深入认知并掌握实验所用仪器设备的各项功能与操作要领，通过此过程，学生不仅能够增强实验方案的设计能力，还能在后续实验数据的精确分析与高效处理方面实现显著进步。[101]

自我导向学习课程的核心在于激发学生的求知欲，拓宽其思维边界，并着重培养他们的自主学习能力，期望学生能够以创造性的方式来完成学习任务，实现从"知识的接受者"到"自主学习者"的转变。

2. *教学内容以面向实际为基准*

绍兴文理学院改变原有课程种类繁多、理论教学时间过长的课程体系，对学科知识体系进行改革。首先，坚持因地制宜原则，根据实际需求构建专业教学体系，包括面向专业的实际需求、教学的实际需求以及学生的实际需求，坚持问题导向来规划理论教学的内容。其次，实验项目的设计需紧密契合学生的专业学习需求，可采取实验室预设选题与学生自主提出课题相结合的策略，或者授权学生自选课题，以确保实验内容与学生专业发展的高度一致性。同时，充分整合校外实践资源，采用适合的实践教学帮助学生提升实践能力，从而构建出更加贴近实际、富有成效的教学实践体系。

3. *教学方法及评价方式以学生学会学习为旨归*

评判教学方法与评价方式是否妥当，其标准并非仅仅在于教与评的方法和形式是否尽善尽美。更重要的是，这些方法是否能够有效激发学生的思维活力，使其得到充分的锻炼和提升；是否能让学生保持持续的学习准备状态；是否能培养学生自主学习的能力。真正优秀的教学方法或评价形式，应当将学习的主导权交还给学生，使学生从被动接受转变为主动学习，真正成为自己学习进程的主人。

（三）攻坚克难持续推进，教学成果丰硕

应用型课程教学模式改革极大地提高了教学质量，为学生的未来职业发展奠定了坚实基础，有利于培养更多适应社会需求的高素质人才。

第二节　应用型课程教学模式的实例分析

一、"染料化学"课程教学模式改革

"染料化学"是纺织化学与染整工程方向的核心专业平台课程，其教学目标旨在使学生掌握与纺织品染色及印花技术直接相关的基础理论知识。在教学设计上，课程注重理论知识与实际应用的深度融合，旨在引导和增强学生对本课程的学习兴趣，进而提升其学习的主观能动性。同时，课程采用的考核方法注重促进学生深入理解染料化学知识，并将其与纺织品染整加工的实践应用紧密联系起来。"染料化学"课程教学模式的改革主要从以下几个关键方面着手实施。[102]

（一）教学目标设计

"染料化学"课程改革聚焦理论教学与实践能力培养的有机统一，推动传统教学模式向"理论奠基、师生共研、实践导向"的新型教学范式转型。改革着力改变单向知识灌输模式，重点培养学生自主探究能力，通过问题导向的启发式教学激发学习内驱力。在知识体系构建层面，注重核心理论模块与延伸知识网络的系统整合，形成层次分明、逻辑严密的教学内容架构；在教学实施环节，强化理论原理与染色工艺、染料合成等工程实践的关联设计，借助真实生产案例增强课程吸引力。学院坚持"强化应用、巩固基础、着眼发展"的教学理念，构建符合轻化工程专业实践型人才培养需求的课程体系，通过虚实结合的实验平台搭建、产学研协同的实践项目开发，形成知识传授、能力培养、素质提升三位一体的教学闭环。

（二）教学内容改革

基于轻化专业学生的"技能、知识与素质"目标结构，构建应用性人才培养模式。就"染料化学"课程，针对学习内容中的关键知识点进行了深入筛选与细化，并制订了具体的实施方案。该方案将单元知识点的精讲与不同章节的专题文献检索及论文撰写相结合，可以使学生能够将关键知识点与相关知识面、最新知识有机融合，并实现全面理解。在课程设计上，对染料的基本知识、染料结构与颜色、染料合成加工、重要大类染料的应用等多个知识点进行了梳理与优选。适当增加与染料生产、应用及最新发展等相关的应用型人才培养内容。在教学过程中，根据学生对基础知识的掌握情况灵活调整教学内容。

（三）教学方法改革方案

课程的教改模式将打破传统的单一课堂教学方式，采用多种知识传授方式相结合的新型教学模式，如图6-1所示。

多种教学方法	引入团队	建立资源库
(1) 综合运用讲授演示法、案例探讨教学等多种教学方法对关键知识点进行精讲。注重理论与实践的结合，重点突出、难点讲透。结合染料生产企业以及绍兴市印染企业生产实际，提出问题—理论解释—解决问题	(2)针对课程重点问题，增加以"课程论文+课堂讨论"的教学形式。探讨课程重点与广度的有机结合，扩大课程知识面。设置与课程主要内容相关的4个专题，每一专题中设计4个与课程知识密切相关的题目，每位学生选择其中的1个，最终完成4篇课程论文	(3)建立"染料化学"教学网站等资源支持体系，方便学生就近、集中对"染料化学"课程知识的学习与掌握。包括"染料化学"课程网站、参考教材、实物、图片、多媒体、精品课程网站等教学资源

图6-1 "染料化学"课程教学方法改革方案

（四）课程学习团队建设与运作

在教学方案设计中，探索关键知识点掌握与通识应用学习之间的协调对应关系。结合"染料化学"的主要知识点，创新性地引入专题课程论文作业，可以有效拓宽学生的学习知识面。"染料化学"主题教学模块围绕学科核心知识构建四大研究维度：染料演进脉络、合成工艺体系、结构显色机理及工业应用实践。每个研究维度下设四个紧密关联的子课题，形成覆盖课程知识图谱的 16 个研究切入点。教学实施过程中，根据学生的学术积累与研究兴趣，引导其自主选定重点课题开展深度探究，完成从文献检索、数据分析到学术撰写的完整研究训练。在阶段性研究完成后，组织专题研讨工作坊，搭建学术观点碰撞与成果分享的互动平台。为深化学习成效，配套建立课题研究小组协作机制，通过小组文献综述汇报、实验方案答辩等多样化形式，系统训练学生的学术表达能力与批判性思维，形成理论学习、研究实践、学术交流三位一体的教学闭环，有效提升学生对染料化学知识体系的融会贯通与工程应用能力。

该方案在实施过程中，学生的工作量虽然较以前显著增加，但是通过各相关专题论文的撰写，既能够增加与染料知识及应用相关的最新知识，使"染料化学"课程的学习集兴趣与自觉性于一体，更好地实施"染料化学"课程知识的教授与学习、掌握与了解，达到拓宽学生"染料化学"课程知识体系的学习深度与广度及提高其实践应用能力的功效，同时也能够强化其科技论文撰写、知识汇总及口头概述表达的技能。

（五）建立与应用型人才培养相适应的平时与期末考试相结合的考核体系

为检验学生对"染料化学"课程知识真实的掌握与运用能力，课程评价体系将平时成绩由 20% 扩大为 40%。平时成绩包括课后作业、课堂考勤、课堂提问等常规成绩（占 15%）和课程论文撰写及讨论（占 25%）两部分，课程论文及探讨贯穿整个学习过程，重点考核学生对重点基础理论知识的理解掌握以及运用该知识对实际问题的综合运用能力，其中 5% 用于专题讨论时发言积极主动、论点鲜明特别是有见地的发言人。建立一套难易适度、覆盖面广泛且具有代表性的教考分离的试卷库，将考核内容侧重于对知识的理解与掌握上，更为真实地评价学生对本门课程的掌握程度。例如期末考试以笔试为主，占整个评价结果的 60%。

二、"纺织品市场营销"课程教学模式改革

纺织品市场营销课程作为纺织工程专业贸易方向的核心课程，着力构建纺织产业营销知识体系与实战能力的培养通道。课程内容系统整合纺织产品市

场运作规律、营销策略制定方法及行业特有营销技巧，着重培养学生对纺织品市场动态的洞察能力。通过解析纺织原料采购、产品定位、渠道建设等产业链关键环节，使学生掌握纺织市场环境分析方法论，理解消费者需求演变与购买决策机制，进而形成包含产品开发、定价策略、分销网络及促销方案在内的整合营销方案设计能力。课程设置特别强调纺织行业特性与市场营销理论的有机融合，通过引入纺织企业市场拓展案例、国际纺织贸易实务等教学素材，帮助学生建立符合纺织产业规律的营销思维框架，为未来从事纺织品全球贸易、品牌运营等职业发展奠定专业基础。同时，课程还着重培养学生有计划地组织和掌控对纺织品营销活动的能力，旨在提升他们在理论分析与解决实际问题方面的能力，以便更好地适应经济全球化背景下纺织企业市场营销管理的需求。[103]

（一）课程教学现状

当前该课程存在以下几个亟待解决的问题：其一，纺织工程专业的学生在营销基础知识方面相对薄弱，实践知识有所欠缺；其二，所采用的教材未能紧跟时代步伐，其中所列举的案例主要聚焦于传统的营销手段，缺乏对网络购物在纺织品营销中实际应用的介绍；其三，课程的考核方式尚不够全面，目前仅侧重于对基础理论知识的考核，这显然不够科学合理。

（二）课程教学模式改革

针对当前纺织品市场营销课程教学的现状，进行教学模式的改革，着重培养和提升学生的自主问题解决能力与创新应用能力，旨在培养出符合社会需求的应用型人才。为实现这一目标，采取以下措施。

（1）结合时事政治，引用最新案例进行现场分析，弥补教材之不足。纺织品市场营销课程与实际市场活动紧密相连，几乎每一个概念或理论知识点都能找到与之对应的真实案例。在教学过程中，采用案例教学法，因此案例的选择成为组织好此门课程教学的关键。尽管教材中也包含一些纺织品营销案例，但这些案例往往时间久远，已不适应当前快速变化的市场经济环境。在教学实践中，当案例与理论紧密结合时，学生的学习兴趣会显著提升，会经常主动与教师探讨。及时更新营销教学案例，尤其要围绕热点纺织品营销事件进行详细剖析。案例教学法成为此课程教学的核心策略，教师需积极搜集紧贴市场热点的资料，精心挑选并融入最新的教学案例，以丰富课程内容。在选择案例时，务必紧跟市场热点，多选用学生熟悉的企业案例，以此增强学生的亲近感，促使学生更愿意跟随教师的教学步伐，深入探索学习。

（2）为进一步强化理论与实践的紧密结合，在实践教学中特别设置了学生参与调查和讨论的环节。这一环节旨在促使学生深入理解和内化课堂理论教学的内容，并将其应用于解决实际问题的过程中，从而有效培养学生的问题分析与解决能力。实践主题从微观和宏观两个层面对纺织品营销进行深入剖析，要求学生在营销实践中既要注重具体操作的执行与落实，也要具备宏观的战略眼光和全局思维。学生可自由组合成4~5人的小组，围绕设定的专题开展市场调查实训活动。学生可以深入纺织品卖场、企业或学校的实习基地进行实地调研，甚至可以通过身边的同学搜集市场营销的相关信息。这样的实践活动不仅有助于学生初步掌握市场营销的基本程序、核心技术和技能要求，还显著提升了沟通应变能力及团队合作精神，为学生未来的职业发展奠定了坚实的基础。

（3）为进一步优化考核模式，将原有的单一考核方式改革为传统理论考核与实践教学考核相结合的方式。在此改革中，特别强调实践教学考核的重要性，使其在整体考核体系中占据40%的比重，而传统理论考试则占50%，平时表现考核占10%，以此形成更为全面和科学的评价体系。在实践教学的考核环节中，各小组要进行课题汇报，学生可以自由选择汇报形式，如讲座、多媒体展示或板书等，以充分展示其实践成果。通过小组代表上台发言及台下小组的互动讨论，这种考核方式有效激发了学生的潜能，促进了学生之间的交流与合作。同时，教师在讨论过程中适时引导学生提问、反问或扮演反方角色，扮演着全局调度者、倾听者与催化剂的角色，引导学生深入思考和实践。这种融合了理论与实践的考核方式，不仅全面评估了学生的理论水平，也有效考查了学生的实践能力，为其未来快速适应社会环境奠定了坚实的基础。

三、课程两性一度提升探索与实践案例介绍

（一）基于项目驱动下的课程两性一度实施背景

绍兴文理学院纺织科学与工程学院拥有"纺织科学与工程"一级学科学术硕士点授权点和浙江省"十三五"一流学科，纺织工程专业为国家一流本科专业建设点、国家特色专业；轻化工程专业为浙江省新兴特色专业，为浙江省纺织服装产业提供了大批应用型专业人才。学校围绕纺织类专业人才培养目标，以高校为主导、企业协同参与、学生为主体，通过发挥创新竞赛体系、交流平

台及产业学院的优势，对接课程，实施项目驱动课程教学，激发学生的学习兴趣，培养具有知识、能力、素质有机融合、具有高级思维和解决复杂问题的综合能力的应用型人才。通过实施项目驱动式课程教学，实现课程作业作品化、作品产品化、产品市场化"三化"，如图6-2所示，进而提升课程两性一度，以期为其他专业创新人才培养提供新的思路。[104]

1. 内涵定义

课程两性一度是指高阶性、创新性和挑战度。高阶性要求将知识、能力、素质进行有机的融合，培养学生解决复杂问题的综合能力和高级思维。创新性要求课程内容的创新和课程教学方法、手段的创新，培养学生的探究问题的素质与能力。挑战度应从课程的高阶性出发，以培养学生高阶的知识、能力和素质为目的，充分调动学生主动思考的积极性，磨砺学生解决复杂问题的能力和心理承受能力。项目驱动是以完成某项任务为目的，有效激发学生学习兴趣，培养学生主动探索精神，从而提高就业技能。

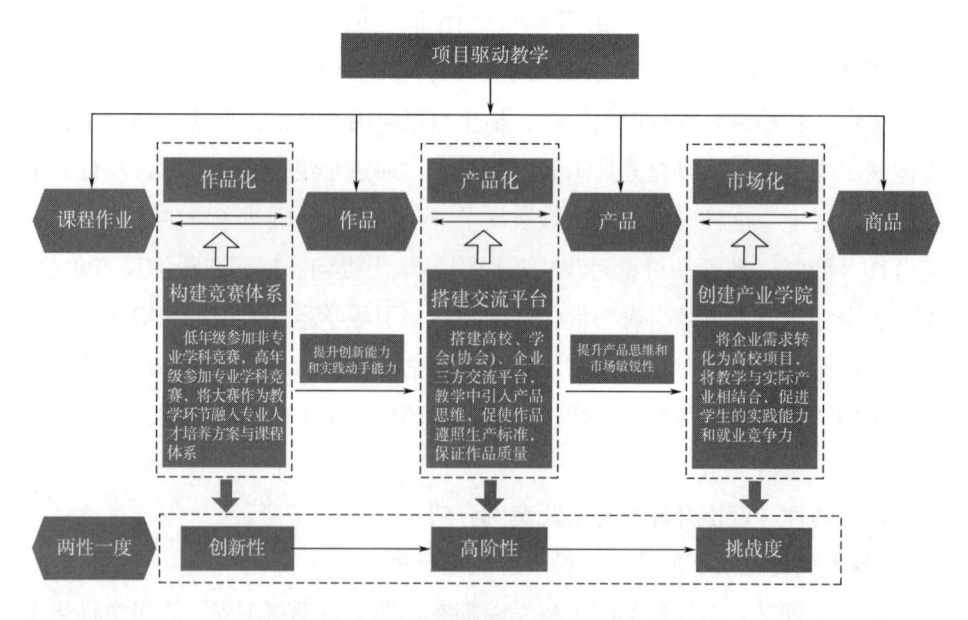

图6-2 基于项目驱动的"三化"教学模式

2. 内在逻辑

教师在课程上传授新知识，学生按照教学要求完成作业，作业只是课堂知识掌握程度的体现，但仍缺乏系统性和连贯性。通过构建竞赛体系，将大赛作为重要的教学环节融入专业人才培养方案与课程体系，用作品的标准来提升作业质量，注重培养学生构思作品的思维过程，可以最大化表现作品的独创性和完整性，从而实现作业作品化。但没有生产实践的作品存在设计天马行空、质量参差不齐、生产适应性不高等问题，通过搭建高校—学会（协会）—企业三方交流平台，将产品思维引入学生作品创作，作品设计遵照生产标准，使其具备经济实用性并形成产品，实现作品产品化。通过创建产业学院，打通高校与企业的桥梁，将教学与实际产业相结合，深入市场调研，了解消费者的产品需求，在实用性上提升用户体验感，提升产品的转化率和市场竞争力，实现产品市场化。通过实施项目驱动式课程教学，实现课程作业作品化、作品产品化、产品市场化，即"三化"，有效提升了课程群的高阶性、创新性和挑战度，进而提升了课程两性一度建设水平。

（二）基于项目驱动下的课程两性一度提升路径与实践

1. 创新竞赛体系，促进作业作品化

纺织科学与工程学院通过创新竞赛体系，将大赛纳入专业人才培养方案与课程体系，使其成为教学的重要组成部分。在课程作业中融入学科竞赛作品的要求，以促进作业作品化。

遵循不同年级的学生发展特点和学科知识结构，积极构建"2+2"创新竞赛体系，贯穿大学四年全过程。第一个"2"是指大一、大二低年级阶段倡导学生积极参加"非专业类学科竞赛"，以"挑战杯"大学生竞赛、中国"互联网+"大学生创新创业大赛、"职业规划大赛"等学科竞赛为抓手，为学生提供培养创新思维的平台，激发学生的科研创新兴趣。第二个"2"是指大三、大四高年级阶段则引导学生专注于"专业类学科竞赛"，以中国高校纺织品设计大赛、浙江省大学生服装服饰创意设计大赛、全国大学生纱线设计大赛等学科竞赛为途径，为学生提供提升专业实践能力的平台，巩固学生的专业创新能力。

学院与企业合作打造"中国高校纺织品设计大赛"全国性专业学科竞赛平台，创新设计产品惠及企业发展，为企业输送高素质专门人才。该大赛先后得到绍兴市纺织工程学会成员单位浙江红绿蓝纺织印染有限公司、浙江东进新材料有限公司的支持。将大赛作为重要的教学环节融入专业人才培养方案与课程体系，有效提升了学生的创新能力和实践动手能力。[105-107]例如，在"织物组织学"的课程设计中加入"大赛模块"：一方面，在课程中进行大赛解读，即对历年"中国高校纺织品设计大赛"优秀作品进行分析,组织学生观摩"中国高校纺织品设计大赛";另一方面,开展大赛作品设计,即要求学生按照"中国高校纺织品设计大赛"的要求进行纺织品设计与创作,通过教师指导和打磨,挑选优秀作品参赛。通过大赛的实践,学生可以更好地将理论知识与实际应用相结合,提高其解决实际问题的能力,同时也能够激发学生的学习热情和创新精神。

2. 搭建交流平台,实现作品产品化

纺织科学与工程学院搭建高校—学会(协会)—企业三方交流平台,以创意设计类课程为先导,深入实施项目驱动的人才培养理念,让学生充分利用平台优势,以专题式、开放式的创意设计项目为载体,在教学中引入产品思维,以确保作品符合生产标准并实现作品产品化。

"经纬之韵"学生创意设计实践活动联合浙江省纺织工程学会、中国棉纺织行业协会绍兴服务站等行业、学会单位共同承办,同时邀请当地知名的服装、面料企业加盟,通过创新创意设计作品展、创意设计实践现场体验、创新创意设计实践讲座等活动展示项目驱动成果,依托学院"壹诺公益"义卖活动,所有项目驱动展出作品面向全校售卖,售卖所得收入捐向院壹诺基金会。一方面,落实了学院"三化"理念,让所有作品接受行业、市场的检验。另一方面,市场的反馈信息进一步帮助学生了解市场需求和消费者喜好,从而帮助其更好地调整和改进产品设计,有助于提高学生的作品质量和市场竞争力。

目前,"经纬之韵"学生创意设计实践活动已连续举办三届,累计展出作品达400余件,作品主题囊括了建党100周年、亚运会、非遗传承等内容,作品均来自"手工印染技法""手工刺绣""针织物组织与产品设计""毛衫设计与生产""女装设计"等专业必修课、选修课以及公共课,是基于"材料+工程+设计"的项目驱动教学实践成果,融入了解决复杂工程能力的专业人才培养理念。此外,手工印染技法、手工刺绣是中华民族优秀传统文化和技艺的精髓之一,"经纬之韵"学生创意设计实践活动,在实施"项目驱动式"教学,提升学生实践能力的同时,也通过嵌入"劳模进课堂""可再生纺织品回收公益""壹诺公益"等活动,将"劳模精神""工匠精神""非遗传承"等文化育人、实践育人和专业教学有机结合起来,将"文化元素"融入产品设计中,为产品注入"灵魂",提升学生创新实践能力。

3. 创建产业学院，完成产品市场化

纺织科学与工程学院创建产业学院，将企业需求转化为高校项目，将教学与实际产业相结合，融入先进技术及设计理念，帮助学生将理论知识转化为实际成果并推向市场，已获得市场认可并实现产品商品化。

学院联合32家单位创建浙江省现代产业学院——纺织智造现代产业学院，以产业学院理事会和纺织人才发展基金为"两翼"，探索教育链、创新链、产业链、人才链四链融通新模式。产业学院理事会单位将企业生产过程中的技术难题和需求反馈给高校，转化为校企合作项目和研究课题。学院立足企业需求，积极开展技术解题，组建以教授牵头、科研团队为核心、学生积极参与的科技服务队。教师将企业需求与学校的教学和科研相结合，在对应的课程作业布置或项目发布中提出实际的项目场景和任务，引导学生围绕实际需求完成产品，优秀的产品通过作品展、产品推介、订单式推向市场，进行批量生产和销售，从而完成产品向商品的市场化转化。

以"女装春夏面料研发及服装产品开发"项目为例，该项目为纺织智造现代产业学院理事单位亚洲红纺织科技有限公司委托项目。校企双方签订合作协议，企业负责提供项目经费及面料，学院依托专业核心课程"女装设计"，学院组建37名师生组成的设计团队，实施项目驱动教学，设计制作完成60套女装。在项目实施过程中，根据学生特长和喜好分成国风、淑女（小碎花）、现代三大系列设计小组，每组配备指导教师，指导教师对学生开展全方位指导，并对小组的设计质量负责，实时把握项目实施进度，及时发现和纠正学生在设计与样衣制作中存在的问题，有效提升学生作品创作质量与水平。项目成果经过企业推介，直接推向企业客户并获得客户好评，斩获订单4个，实现批量生产，为企业创造盈利10万元，学生也相应获得了企业的奖励激励。学生依托课程通过参与项目，不仅可以充分地理解项目需求和市场要求，有助于提升学生基于市场化的产品设计思维，激活学生学习兴趣；还可以推动更好掌握课程所涉及的相关技术和设计方法，提高自身的创新思维、实践能力与解决复杂问题的能力，更好提升课程的两性一度。

（三）基于项目驱动下的课程两性一度提升实效

1. 问卷调查

为了解项目驱动课程教学对课程两性一度（即高阶性、创新性、挑战度）

提升实效情况，以纺织科学与工程学院纺织工程、轻化工程与服装与服饰设计专业本科生为对象开展问卷调查，问卷按照5级量表设置，5~1分别表示"最高""高""中""低""最低"。课程两性一度的评价得分Y的公式为：

$$Y=(X_1W_1+X_2W_2+X_3W_3+X_4W_4+X_5W_5)/(W_1+W_2+W_3+W_4+W_5)$$

其中：X_1、X_2、X_3、X_4、X_5为评价得分（1~5分）；W_1、W_2、W_3、W_4、W_5为与每个数值相对应的人数比例。

调查共回收143份问卷，通过SPSS 25.0软件做出的信度检验结果表明：Cronbach'α值大于0.9，问卷的整体信度为0.935，说明问卷具有良好的内部一致性。效度检KMO值为0.931，说明问卷题项之间关联性较强，数据科学有效。

2. 结果分析

调查显示，88.81%的学生参加过学科竞赛、实践活动、创新训练项目以及企业订单式项目产品设计开发等课程教学活动，如图6-3所示。

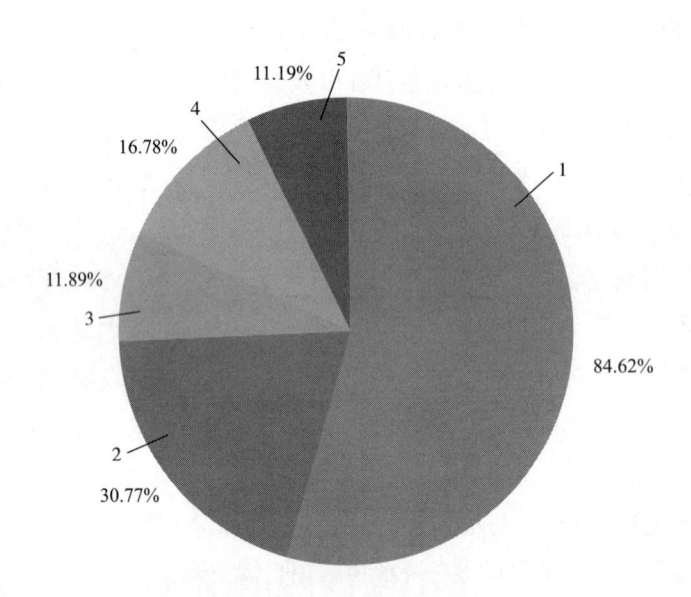

图6-3 项目驱动课程教学活动分析

1 基于中国高校纺织品设计大赛等学科竞赛的课程教学
2 基于"经纬之韵"大学生创意设计实践活动的课程教学
3 基于企业订单式项目产品设计开发的课程教学
4 基于浙江省大学生校外实践教育基地项目等的课程教学
5 没有参加过任何项目或活动驱动的课程教学

课程两性一度评价得分显示，参加过项目驱动课程教学的学生对课程创新性、高阶性及挑战度评价得分为4.02、4.06及4.21；未参加过项目驱动课程教学的评价得分为3.00、3.25及3.38，如图6-4所示，可见，参加过项目驱动课程教学的学生对课程两性一度的评价认可度较高。从项目驱动"三化"教学模式看，90.3%的学生认为课程实施"作业作品化"过程有利于提高课程的创新性（90.3%指选择"5""4"和"3"的人数比例之和，下同）；95.6%的学生认为课程实施"作品产品化"过程有利于提升课程的高阶性；95.7%的学生认为课程实施"产品市场化"过程有利于增加课程的挑战度，见表6-1。表明，项目驱动"三化"教学模式可以有效提升课程两性一度。此外，从课程教学实施举措看，从在课程中分析竞赛作品及产品开发趋势、加入讨论学科竞赛获奖作品及课程作业中融入学科竞赛作品要求三个方面可以提升课程的创新性；从在课程中引入产品设计理念、将课程作品转化成产品、课程中引入企业产品开发案例三个方面可以提升课程的高阶性；从在课程中引入先进技术与工

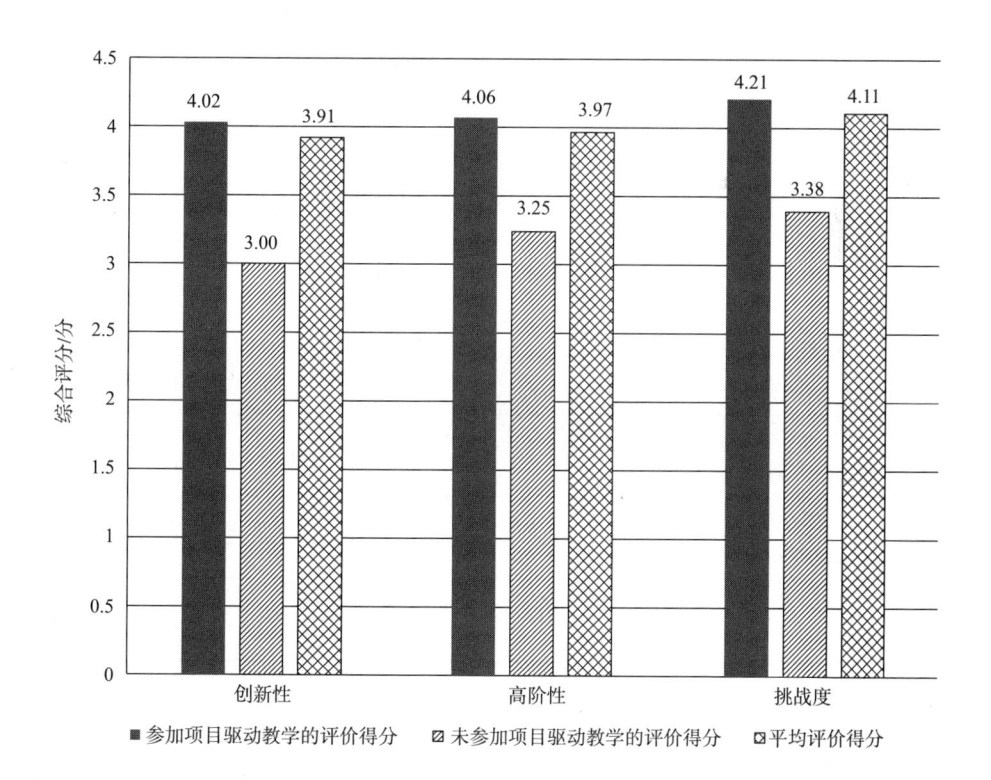

图6-4　课程两性一度的评价得分

艺理念、将企业需求转化为课程产品设计要求、将课程产品推向市场三个方面可以提升课程的挑战度。结果表明，以上措施的实施均能有效提升课程的两性一度。

表6-1 项目驱动教学对课程两性一度的评价

两性一度	调查项目	5	4	3	2	1
创新性	在课程中分析竞赛作品及产品开发趋势是否有利于体现课程的前沿性与时代性？	30.8%	44.8%	16.8%	5.6%	2.1%
	在课程中加入讨论学科竞赛获奖作品是否有利于体现教学方法的先进性与互动性？	37.1%	36.4%	21.0%	3.5%	2.1%
	在课程作业中融入学科竞赛作品要求是否有利于引导学生进行探究式学习？	36.3%	37.1%	21.0%	4.9%	0.7%
	课程实施"作业作品化"过程是否有利于提高课程的创新性？	32.2%	39.9%	18.2%	6.3%	3.5%
高阶性	在课程中引入产品设计理念是否有利于培养你的高阶思维？	35.0%	37.8%	23.1%	3.6%	0.7%
	将课程作品转化成产品是否有利于培养你解决复杂问题的综合能力？	35.0%	38.5%	21.7%	4.2%	0.7%
	课程中引入企业产品开发案例，邀请业界精英进课堂是否有利于拓宽课程的广度？	33.6%	41.3%	19.6%	4.2%	1.4%
	课程实施"作品产品化"过程是否有利于提升课程高阶性？	33.6%	35.0%	27.0%	4.2%	0.7%
挑战度	课程中将先进技术、先进工艺融入产品设计与开发是否有利于增加课程的难度？	36.4%	43.4%	15.4%	2.8%	2.1%
	将企业需求转化为课程产品设计要求是否有利于加深课程的深度？	36.4%	41.3%	16.8%	4.2%	1.4%
	将课程产品变成商品，获得市场认可是否有利于增加课程的复杂度？	35.0%	37.8%	23.1%	3.5%	0.8%
	课程实施"产品市场化"过程是否有利于增加课程的挑战度？	39.7%	37.1%	18.9%	3.5%	0.7%

3. 结论

通过实施项目驱动课程教学，实现课程作业作品化、作品产品化、产品市场化"三化"过程可以有效提升课程两性一度。一方面，项目驱动课程教学注重学生的参与和互动，让学生在学习过程中更加主动，鼓励学生去探究，提升学习结果的探究性和个性化，使课程"创新性"得到有效提升。另一方面，项目驱动教学鼓励学生自主探究、发现和解决问题，同时也注重学生的动手实践，使学生能够在实践中学习和应用相关知识，有助于提升学生解决复杂问题的综合能力和高级思维，使课程"高阶性"得到有效提升；另外，项目驱动式教学模式还提高了教学质量和效果。教师不断学习和研究新的教育理念和教学方法，提升自己的教学技能和教育素养，学生花更多的学习时间和思考，进一步提升了课程"挑战度"。

四、纺织类应用型课程思政实践探索案例介绍

（一）"课程思政"实施背景

"思想政治理论课"简称"思政课程"，是为针对性地实施思想政治教育而特别设立的专业课程。本科高校设置了四门必修的思政课程，具体包括"马克思主义基本原理概论""毛泽东思想和中国特色社会主义理论体系概论""中国近现代史纲要""思想道德修养与法律基础"。此外，还提供了"形势与政策"和"当代世界经济与政治"两门选修课程。在高等院校的思想政治教育体系中，思想政治理论课程承载着对大学生实施全面而系统的马克思主义理论教育的核心使命。通过这些课程，学生得以深入理解并掌握马克思主义理论精髓，进而促进其思想观念的成熟与价值观的正确塑造。[108]在巩固大学生对马克思主义的坚定信仰、对社会主义的坚定信念，以及始终坚持对党和政府的信任等方面，这些课程发挥了至关重要的作用。

"课程思政"作为一种兼具科学性与时代性的先进教育理念和方法，要求深入理解其内涵，遵循其教育规律，结合各专业特点，运用专业教学手段，潜移默化地引导学生树立正确的价值观，坚持立德树人的教育理念，以实现教育的最终目标。

绍兴文理学院积极响应全国教育大会和全国高校思想政治工作会议的号召，将立德树人作为核心任务，将思想政治工作全面融入教育教学各环节，强化课程的育人功能，全面践行"课程思政"的要求。学院确保每一门专业课程、每一位专业教师都贯彻"课程思政"的理念，初步达成了"课程门门蕴含思政元素，教师人人注重育人"的目标，实现了思政教育与专业知识教育的有

机融合。

（二）具体做法

1. 通过"三张表单"明确切入点

凝练思政元素清单，聚焦于社会主义核心价值观，深入挖掘并提炼各门专业课程中所蕴含的德育要素及其承载的德育功能。在此基础上，梳理出与"课程思政"紧密相关的106条"思政元素"，并据此编制教学设计指南。进一步地，完善教学设计表格，专业课教学大纲中增列价值情感培养目标。教师需参考思政元素清单，结合各自课程的特点，梳理出专业课程中的思政元素及其对应的教学任务，并填写"'课程思政'教学设计表"，以确保"课程思政"实施的计划性和目标性。同时，设计教学反思表格，开发课程思政微信小程序，并建立教学案例库。教师和学生需分别撰写教学案例随笔和课堂学习心得，以丰富和完善"课程思政"的教学内容。

2. 通过"四个步骤"完善实施路径

注重结合，将思政元素与专业课程特点相结合，将专业课课程思政与学生特点和时政热点相结合，创设"思政元素＋时政案例＋专业课程"的专业课课程思政育人模式，使得专业课课程思政兼具"理性"与"活性"。为将"课程思政"有效融入专业课程之中，需立足学科的独特视角、理论框架和研究方法，有创新性地构建专业课程的话语体系。不仅要实现专业知识传授与价值引导的有机结合，打破传统思政教育与专业教育相互割裂的"两张皮"困境，还要在实践中形成"见机行事"（一有机会就切入思政元素）、"借题发挥"（以一句话、一段故事、一个道理适当解读）、"春风化雨"（顺其自然，通过采用学生乐于接受、喜闻乐见的教育形式，潜移默化地讲授做人的道理）的育人方法。为全面体现"课程思政"的考核要求，需在多个教学环节进行跟进评价。要在教学大纲的制订、教学计划的安排、课堂教学质量的评价、教学业绩的考核以及评奖评优的过程中，充分融入并体现"课程思政"的内在要求。持续改进，根据专业课课堂教学价值目标达成度评价和教学随记、学习随感等反馈，不断充实课程教学设计表，探索完善机制路径，形成"实践—总结提升＋研究深化—实践"的螺旋上升式推进过程。

3. 通过"五个协同"健全工作机制

强化功能协同，通过专业课程与思政元素、时政案例相结合的方式，实现育才与育人功能的同向同行。在此基础上，构建由思政课、专业课、通识课共同组成的"三位一体"思政教学体系。同时，强化师生之间的协同合作，鼓励授课教师撰写"教学案例随笔"，以此丰富"课程思政"的教学资源，并逐步形成完善的"课程思政"教学案例库。学生填写"'课程思政'学生课堂随感——老师课堂上的一句良言"，并上传至微信小程序，进一步提升课程育人实效。强化知行协同，工作推进和研究深化同步进行，提升教师课程思政能力和学生运用社会主义核心价值观分析和解决问题的能力。为进一步增强部门间的协同效应，应由党委发挥主导作用，学科作为引领，教务部门负责具体落实，团委则负责组织学生积极参与。同时，教师需有效执行相关教学要求，而学生则提供反馈与体验，共同凝聚起推动"课程思政"发展的强大合力，如图6-5所示。

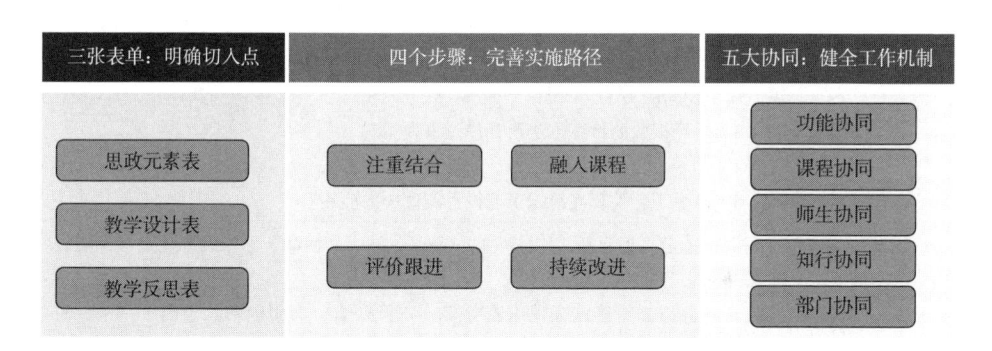

图6-5 绍兴文理学院纺织类课程思政实施做法

（三）工作成效

"课程思政"的深入推行，实现了社会主义核心价值观在课程体系及学生群体中的全面渗透与深度融合，显著提升了学生对于这一核心价值体系的理解与认同度，促进了思想政治教育与专业知识传授的有机交融与相互促进。此举成效显著，不仅激发了学生的学习热情与内在动力，更在潜移默化中促进了学生思想道德素养的显著提升。[109]

（四）课程思政教学案例

1. "课程思政"教学设计表

本研究选取几篇具有代表性的"课程思政"教学设计表，见表6-2、表6-3。

表 6-2 "课程思政"教学设计表——专业课

学院	纺织服装学院	课程名称	纺织工艺设计
授课教师	缪宏超	授课班级	纺织工程2018级
授课章节	第一章 纺织品设计的基本原理 第三节 织物工艺参数计算		
课程类别	A.公共平台课 B.专业平台课程 C.专业选修课 D.全校选修课		
教学目标（知识、能力、素质三方面）	知识目标：较全面地了解各织物的工艺参数计算方法，掌握不同纺织工艺流程设计方法，熟练进行各工艺参数计算，能够通过工艺计算进行相关工艺流程控制及工艺参数选择 能力目标：能结合纺织实际生产现状及发展，对工艺流程所需的各项工艺参数进行正确计算、选择和确定，熟练掌握各工艺计算、工艺流程工艺设置等方面的知识和技能 素质目标：提高逻辑思考及分析问题能力，能够理解和评价纺织相关工艺及参数设置对环境、社会可持续发展的影响，并理解从业者应承担的社会责任，为学生的今后工作奠定相关产品设计、生产与应用的知识基础		
教学内容	（1）坯布匹长、整经匹长的计算方法及其与染整长缩、织造长缩之间的关系 （2）坯布、成品、上机经纬纱密度的计算方法与换算方法及其与染整缩率、织造缩率之间的关系 （3）总经根数的计算方法及其注意事项 （4）筘号、筘幅、无浆干重、用纱量的计算方法 （5）以上工艺计算在纺织工艺设计实例中的应用		
"三地一窗口"典型案例（3~5个，注明时间、来源等）	案例：《全力担起新时代"三地一窗口"的崇高使命》，来源：党史理论网，2020-06-09 改革开放以来，浙江人民求真务实，积极探索，大胆创新，走出了一条具有时代特征、中国特色、浙江特点的改革发展之路。作为"三地一窗口"的新时代浙江，又被赋予了新的目标、新的使命，浙江改革发展有了新的历史定位、新的目标航向。新时代浙江贯彻"谋新篇""干在实处""走在前列""勇立潮头""方显担当"的要求，系统而深刻地落到了要全面展示中国特色社会主义制度优越性的重要窗口上[110]		
思政元素	思政元素：现代纺织 在《中共浙江省委关于制定浙江省国民经济和社会发展第十四个五年规划和二〇三五年远景目标的建议》及《中共绍兴市委关于制定绍兴市国民经济和社会发展第十四个五年规划和二〇三五年远景目标的建议》中明确指出：实施产业集群培育升级行动，现代纺织服装等万亿级世界先进制造业集群，培育一批千亿级特色优势集群，打造一批百亿级"新星"产业集群，改造提升一批既有产业集群。[111]在如此重要的政府工作报告中多次提到纺织产业，说明纺织一直以来都是国民经济的支柱企业，在绍兴地区更是如此，以柯桥为中心的纺织产业集群围绕原料、纺、织、印染、服装、销售形成了庞大的经济体系。现阶段，这个古老的行业越将触角延伸到智能制造、先进材料、服装设计、互联网销售等一系列新兴的领域，使这个传统产业又一次绽放新的风采		

第六章 纺织类本科人才培养的课程教学模式

续表

教学实施路径	这是一节关于纺织工艺计算的理论课,可以为纺织工艺设计打下基础。课程内容包括总经根数、筘幅、筘号、用纱量、无浆干重等的计算方法及其在生产中的应用。这些纯理论知识相对来说比较枯燥,且部分计算公式为经验公式,因此记忆起来困难重重。以往的教学过程教师只关注知识点的讲授,很少涉及思政思想,鉴于此,尝试利用思政元素助力教学,取得很好的效果 　　由参数计算知识点引入现代纺织:课程内容有大量纺织参数计算,难度大、难理解、难记忆,学生看着这些公式难免心生怀疑,在当今科技如此发达的时代,还有没有必要学习这些基础计算。由此引入思政元素:虽然绝大多数的工艺参数计算已经可以利用计算机完成,但是作为纺织工程专业的学生,培养的最终目标是成为可以分析和解决复杂工程问题的优秀人才,因此必须掌握参数计算的原理与方法,这样才能更加熟练地运用各种专业技能。在和学生的相处时发现,部分学生专业信心不足,导致提不起学习兴趣,学习效率低下,学习效果不尽如人意。由此引入"现代纺织"的相关内容,播放现代纺织工厂的视频,并引入例如"犀牛智造"的案例,说明纺织产业早已成为所有人离不开的民生产业,各级政府工作报告中也多次提到"现代纺织"这个概念,极力打造传统产业转型升级,为国民经济发展再立新功
教学反思与评价	本节课教学的对象是大三的学生,他们具备一定的纺织专业知识,有较强的理解能力,在教学中应时刻激发学生的学习积极性。因此,多让学生主动探索、自主学习,培养他们的创新能力,使学生真正成为课堂的主体 　　课堂采用了案例教学、翻转课堂、虚拟现实等多种教学模式,利用新兴与传统教学模式进行线上线下的提问、讨论、互动等多种教学手段,将所学知识点串联起来,使学生进一步体会到纺织理论知识要与实际生产相结合,鼓励学生学以致用,让学生在思考讨论的环境中进行学习,知识拓展,建议学生多思考,学生完成任务的同时也培养他们解决复杂工程问题的高阶能力。教学过程中还存在一些可以挖掘的思政元素: 　　(1)生态文明建设。一些纺织品的生产会涉及环保问题,例如,会产生污水、有毒气体等,对环境有害。由此引出思政元素:在第十三届全国人民代表大会第一次会议上通过了宪法修正案,其中将生态文明建设写入宪法。使用案例法向学生科普绍兴文理学院作为公众认知中排污不多的单位也参与到生态文明建设大军里,将实验室产生的污水、有毒废弃物及使用过的试剂瓶进行统一回收处理,积极践行绿水青山就是金山银山的理念。作为一名大学生,要从现在开始建立社会责任感,不能以牺牲环境为代价换取经济的发展。课程中强调在设计某些工艺环节时需要加入污染物治理装置,比如在染色、缫丝时加入污水处理装置,在化纤生产中加入废气排放装置等 　　(2)正能量。纺织工艺计算涉及很多参数,需要学生利用课后时间在电脑或者书籍上进行查找,尤其利用计算机查找非常方便。我们的生活越来越离不开电脑,然而网络是把双刃剑,在带来便利的同时也带来一些不良的内容。针对这种情况,引入思政元素:当今人类所处的世界是一个信息高度发达的社会,通过网络等渠道各种信息扑面而来,我们是这些信息的接受者,同时又可以成为它们的

153

续表

教学反思与评价	转发者。面对这种信息大爆炸，作为一名大学生，需要学会思考和判断。对于正能量的内容，我们要多多吸收并鼓励大家传播出去，让更多的人受到鼓舞；而对于负能量的东西，千万不要盲目相信，要学会拒绝，不要受到影响，更不能轻易转发或者传播。大学生是最青春洋溢的一群人，应该充满正能量，社会生活也需要要多三观正、活力强的年轻人参与进去，创造更多更大的价值

表6-3 "课程思政"教学设计表——选修课

学院	纺织服装学院	学科	纺织工程与材料	课程名称	纺织品与影视作品
授课教师	缪宏超	授课班级	纺织工程2019级	学时	20分钟
课程类别			D.全校选修课		
教学目标	本课程以影视作品中出现的纺织相关镜头、情节、道具等为基础，介绍不同历史时期纺织技术、工艺、营销的发展状况，包括纺织原料、纺纱、织造及后期整理等方面的发展水平和特点，通过学习帮助学生了解纺织品的相关知识，掌握纺织品发展的历史沿袭。 课程目标1：通过本课程的学习，使学生较全面地了解和掌握纺织品与影视作品的关系，理解纺织品与影视作品中人物性格及剧情之间的联系，并通过影视作品了解不同时代纺织品及纺织产业的发展过程 课程目标2：提高学生的逻辑思考能力、分析问题能力以及自主学习能力，使学生具备通过影视作品了解纺织产品的能力，为科普纺织品的分类、作用、时代特征等打下基础					
"课程思政"教育内容	（1）核心价值观——科学技术现代化 （2）核心价值观——勤劳致富，早日实现中国梦					
教学方法与举措	教学过程运用马克思主义的立场、观点和方法，巧妙融入社会主义核心价值观和中华传统文化，将思想政治工作贯穿教育教学全过程，将教书育人的内涵落实到课堂教学主渠道，促进课程与思想政治理论课协同育人，帮助学生树立正确的世界观、人生观、价值观，实现全程育人、全方位育人 "纺织品与影视作品"是一门面向全校学生开设的公共选修课，学生专业涉及广泛，基础基本为零。基于上述认识，对此门课程进行教学及思政内容梳理与设计，将社会主义核心价值观融入工科教育。在本章节设计出两条思政教学路径，分别为：（1）由《茧镇奇缘》这部电视中出现的丝绸元素向学生介绍蚕的一生及桑蚕丝的生产过程，比较古代缫丝工艺及现代缫丝工艺，使学生体会科学技术现代化对社会生活产生的巨大影响；（2）由《茧镇奇缘》取景地江苏盛泽引出诸暨大唐、湖州织里等以纺织产业为支撑的国家百强镇，以这些地区为基础分析纺织产业带给我国的经济发展的正能量，鼓励勤劳致富、共同富裕，继续发展，提升综合国力，早日实现中国梦。下面，以上述两条为例，具体说明思政教学内容的教学方法与举措					

续表

教学方法与举措	案例一：由古代及现代缫丝工艺引出科学技术现代化 几千年来，桑蚕丝都是重要的纺织材料之一，课程中以《茧镇奇缘》为背景引出并介绍桑蚕丝的生产工艺，在此基础上，对比古代及现代缫丝工艺的异同。针对此知识点，引入思政元素：通过比较可以发现，现代缫丝技术给古老的缫丝工艺注入新的活力，缫丝工艺有了质的飞跃，机械化大生产完全替代手工劳动，而与此同时带给丝织产品的是产量和质量的极大提升。由此可知，科学技术现代化是人类进步的阶梯，是实现社会主义现代化的必要一环，是产业发展最新鲜的血液，我们必须重视人才培养，提升自身素质，为人类的共同进步添砖加瓦 案例二：课程中由剧情引出此部电视剧的取景地江苏盛泽，向学生介绍盛泽。盛泽作为老牌丝绸产业集散地，经过多年发展，已形成了以丝绸产业为支撑，棉纺、化纤、销售等齐头并进的产业集群，已连续多年被评为国家百强镇。针对此知识点，引入思政元素：除江苏盛泽外，很多地区通过纺织产业发展实现经济发展，在课程继续介绍诸暨大唐、湖州织里等国家百强镇，以这些地区为基础分析纺织产业带给我国经济社会发展的正能量，鼓励勤劳致富、共同富裕、早日实现中国梦

2. "课程思政"教师教学案例随记

本研究选取几篇具有代表性的"课程思政"教师教学案例随记，见表6-4、表6-5。

表6-4 "课程思政"教师教学案例随记（大学物理实验A1）

学院	数理信息学院	课程名称	大学物理实验A1
授课教师	吴海飞	授课班级	科教172
课程切入点	力学实验		
德育元素应用	辩证的方法论：对立和统一		
教学内容、方法及实施过程	当学生开始力学实验时，学生通过领悟作用力与反作用力、加速状态与减速过程，以及力的合成与分解等原理，深刻认识到自然界中万物内部所蕴含的矛盾对立与统一并存的普遍规律[112]		
教学体会、感悟	教师应在教授教材的基本理论和基础知识的同时，教育学生用辩证唯物主义的思想去看待、认识事物		

3. "课程思政"学生课堂随感

表6-5 "课程思政"学生课堂随感——老师在课堂上的一句良言

学院	纺织服装学院	授课班级	纺织工程151
姓名	厉馨惠	授课时间	2017~2018学年第二学期
授课教师	苟发亮	课程名称	美丽塑料造型与创作
课程育人切入点（课程内容）	橡胶及其成形工艺		
一句良言	生活中要有抗压能力		
价值观与做人做事道理	橡胶在外力作用下具有很大的变形能力，外力去除后其又能很快恢复到原始尺寸。做人也一样，要能屈能伸		
体会、感悟	人们在生活中会遇到很多的困难，也许有些一时难以承受，并觉得痛苦，但即使在困境中我们也不能放弃自己		

第七章 产教融合高效育人范式

第一节 产教融合是高效育人的必由之路

一、产教融合的定义

约翰·惠特尔（Jon Whittle）和约翰·哈钦森提出，产教融合的内涵应当从职业学校的办学体制、教学模式的"宏观—中观—微观"多层次结构，以及教育与社会经济发展的协调性方面进行深入的理解与分析。在宏观视角上，产教融合实质上体现了教育发展与社会进步之间的相互融合关系。《关于深化现代职业教育体系建设改革的意见》明确了产教融合的内涵，强调职业教育的专业设置应与产业需求紧密相连，课程内容须遵循职业标准，且教学过程需与生产流程相契合。此等对接与契合的机制，确保职业教育能与技术进步、生产方式变革及社会公共服务需求保持同步，从而助力经济质量提升与产业升级。[113]

产教融合本质上是一种将教育活动与社会生产实践紧密相连的人才培养模式。该模式强调教育与产业的深度融合，以实现人才培养与产业需求的无缝对接，其核心特征是工学结合的教育方式、双方的积极互动以及对社会的深度服务。产教融合反映了学校与产业部门之间的紧密合作，其本质可以理解为产业与教育双方资源相互流通，相互匹配，实现资源间有效整合，进而形成共赢，或者强大的联合体。在更具体的微观层面，产教融合体现了学校与其自身发展之间的相互依存关系。它将知识和技术创新融入培训中，不仅注重思想素质教育，还强调职业技术培训，这种深层次的互动教学是学校学习与商业实践的全新融合形式。从微观视角审视，产教融合代表着职业学校与其自身发展之间的深度依赖关系。这一模式将知识创新与技术革新紧密结合，同时融合了思想素质教育与专业技术教育，从而形成了育人新路径。这种新路径不仅推动了学校学习与企业实践的深层次互动，还重塑了教学组织的传统形式。关于产教融合，从微观层面上讲，它实质上是生产活动与教学活动的一种交融，而其核心在于实现生产活动与人才培养模式之间的顺畅衔接。

企业与学校是校企合作的主体，而产教融合则涵盖了产业与教育行业之间的深度合作。这种合作不仅实现了产业与教育资源的有效互通，还促进了产业结构与专业结构之间的紧密衔接。与校企合作相比，产教融合在范围和深度上都更为广泛和深入。值得注意的是，产教融合与产学研结合或产学研一体化等概念并不相同，后者主要侧重于创新技术研究，而对人才培养的关注度相对较低。相对而言，产教融合把焦点更多地放在人才培养和应用性研究上。

二、产教融合的必然性

（一）产教融合得到国家政府的高度重视与推动

产教融合对于应用型本科及职业教育院校而言，是一种不可或缺的人才培养模式。这种教育模式已经引起国家层面的重点关注，并被视为加强产学结合的关键渠道。自2015年至今，为推动高等教育与产业的深度融合，以及引导应用型本科高校进行适应性转变，我国政府已经陆续颁布了一系列相关政策文件。这些政策不仅为地方本科高校提供了指导，也促进了政府和企业与应用型本科高校的有效整合与转变。

（二）产教融合是纺织类本科人才培养的有效途径

产教融合作为一种将产业与教育深度融合的模式，其核心在于将产业界与教育界紧密相连，这种融合不仅有益于增强学生的实践能力，还能有效推动教育与产业的衔接，进而促进科技创新及其成果转化。对于纺织类本科院校而言，应积极探求与企业的协同合作之道，以推动产教融合的深入实施，从而让学生在真实的产业环境中学习，更深入地理解和运用所学。

首先，产教融合模式能显著提升学生的实践能力。通过让学生直接参与到实际的生产和技术研发过程中，学生可以更深入地掌握纺织技术，更准确地把握市场需求以及产业发展动向，这无疑会极大地增强他们的实践能力，进而提升就业竞争力。其次，教育与产业的衔接问题。通过产教融合，教育机构能更深入地洞察产业界的需求与规范，据此调整其教学内容与方式，以确保教育内容的实用性和贴切性。此外，企业亦能通过教育机构获取到所需的人才资源和技术支持，助力产业的持续进步与升级。最后，关于科技创新及其成果的转化。产教融合模式为教育机构与企业之间的科技创新合作搭建了一个良好的平台，双方可以携手研发新的产品、技术和工艺。这样的合作模式，不仅为产业的创新发展注入了新的活力，同时也为学生提供了更为丰富的实操机会与就业岗位，实现了多方共赢的局面。在实施产教融合时，纺织类本科院校有多种策略可选。例如，与企业联手建立实习基地，共同研发课程，或者开展科研项目合作等。

（三）产教融合实现了市场导向、校企联动、行业引领

对于构建纺织类人才培养模式，要紧密结合产业与区域发展的实际需求。这意味着，需要以市场需求为指引，将教师教育、工程教育以及创业教育有机结合，旨在全面提升人力资源的整体素质。在设置专业群时，应遵循按需原则，以此推动产教融合与学科建设的并行发展。为实现学校与企业的紧密合作，应倡导联动与协同的办学模式，打造资源共享的组织架构，进而构建出与产业需求零距离对接的纺织类人才培养体系。与此同时，行业的转型升级应与人才培养建立良性互动机制，从而引导产业资源有效转化为教学资源、人才培养资源及创新发展资源。此外，需集聚多方资源投入专业建设，从而提升纺织类人才的核心竞争力。通过构建多方参与且深度融合的校企合作模式，最终将形成一个以学校为基点、行业为支撑，以服务地方经济、共谋发展新篇章的综合格局。

（四）产教融合有助于绿色教育与可持续发展

在探索纺织类人才培养模式与产教融合的过程中，首要任务是确立绿色教育与可持续发展的核心理念。在这一理念的指导下，遵循"理论为基、实践为要、创新为本"的教学原则，始终以学生为中心，以能力培养为核心任务，注重道德品质的培养，并追求学生的协调与全面发展。在教育教学方面，积极整合人工智能技术，构建数字化教学资源库，进而推动多学科、多领域的深度融合。这种融合教育模式将有助于培养纺织类人才形成一专多能、全面发展的特质，同时也保持了教育的系统性和协调性。构建一个多层次的教育体系，需要大力开展各类绿色教育活动，如科技探索、研究性学习以及课外实践操作等。这些活动旨在引导学生夯实理论基础，磨炼实践技能，激发创新精神。产教融合的模式有助于培养学生科学、实证、批判和协作的精神，从而塑造出既具备可持续发展理念，又拥有相应意识和能力的"一专多能"型纺织人才。[88]

三、产教融合的历程

产教融合在我国拥有深远的历史渊源，可追溯至近代时期，那时职业教育的教学活动便已显现出产教融合的显著特征。知名教育家如黄炎培、陶行知

等人，倡导知行合一的教育理念，这与产教融合的人才培养思想不谋而合。在新中国成立前夕，中国共产党在规划革命根据地的高等教育政策时，就已经着重强调了教育与生产劳动的紧密结合关系。这些教育实践充分体现了产教融合的双主体性、跨界融合性、互惠互利性、社会公益性、灵活动态性和知识技能性，更重要的是，它们都以人才培养为最根本的出发点和宗旨。自新中国成立以来，"产教融合"与"应用型本科人才"的概念及其涵盖范围始终在不断地演变与拓展。诸如早先的教育与实践相结合、半工（农）半读、产学研融合、工学交融、产教联合以及校企合作等多样化的人才培养方式，都包含了产教融合的思想。同时，专门人才、国家建设骨干、应用性技术人才等，都是应用型本科人才的典型代表。随着我国经济和社会需求的不断变化，产教融合在应用型本科人才培养中的作用和价值也经历了持续的演变和提升，这一过程大致可以划分为价值萌芽、价值发展及价值深化三个主要阶段。

四、产教融合的困境

（一）产教融合面临的困境

产业转型的持续升级、企业发展战略的不断演进，以及人才与资源需求的日益变化，共同揭示了许多现实的挑战与困难，这些难题在一定程度上阻碍了纺织类人才在产业与教学间的顺畅融合与流动。尽管如此，产教融合过程中还是出现了新的契机，为学术界带来了新的研究与发展契机。

建立产教融合的长效机制，是一个需要长期且持续投入的过程。在此进程中，我们不仅要应对产业与教育在效益、观念和制度上存在的宏观差异所带来的挑战，还要解决企业与学校在合作中可能出现的虚幻、形式化和功利化等中观层面的问题。同时，必须关注到生产与教学实践空间的不协调、实践逻辑的僵化，以及文化资本的错位等微观上的困境。随着教育的全面深化改革和内涵建设的不断推进，以及人才培养与产业需求的日益联动，再加上产业与经济的转型升级，产教融合将面临更多新的考验。因此，必须寻求资源、信息和技术的快速与深度整合，积极探索能够有效解决这些现实困境的新举措。[58]

1. 产教融合层次不深

部分高校在产教融合方面的合作方式过于简化，这主要归因于企业方面缺乏足够的合作动力和积极性。同时，校企之间未能制订切实可行的合作方案，也未能建立长期有效的合作运行与保障机制。此外，存在部分合作企业的规模较小，或技术人员专业素养不足等问题，难以为学生提供专业化的指导。另外，学校由于资金限制，无法自建合作实践基地，导致学生缺少长期实践的机会，使得产教融合仅限于表面的认知实习阶段。

2. 保障机制不健全

一个健全的保障机制对于确保产教融合的有效实施起着至关重要的作用，它能推动产业与教育的深度结合，从而最大化地提升教育成果。由于产教融合涉及师资培训、教学资源开发等诸多实际问题，加之人才培养本身就是一个长期且效果滞后的过程，因此需要特别关注。另外，考虑到学校和企业双方在体制和机制上的差异，为确保资源共建的顺利进行以及双方的利益均衡，必须建立一套适当的机制。这样不仅可以保障合作的持久性，还能实现双方的互利共赢。

3. 企业参与产教融合动力不足

由于国家层面政策支持的缺失，企业参与教学管理过程面临更多障碍。企业担忧安全管理隐患和技术扩散等潜在问题，因此无法全力提供支持。

4. 师资力量薄弱、单一

师资队伍作为产教融合实现预期成效的核心保障，其构成与素质至关重要。当前，高校在招聘教师时往往更加注重科研能力，这导致大部分高校教师缺乏实际工作的历练，从而在一定程度上制约了应用型人才的有效培养。

5. 行业指导专业能力不足

受产业发展水平和市场变化的影响，行业面临法律保障缺失及自身能力有限的挑战，因此在指导高等教育发展方面显得力不从心。我国行业组织在制定标准、主持考试及颁发资格证书等方面相对较弱。

6. 高校课程体系与企业发展脱节

众多高校的课程体系存在不完善之处，其课程内容未能充分满足应用型人才培养的需求，导致学生能力培养与企业实际需求之间出现脱节，难以满足企业的期望与要求。一些大学的课程体系及内容与企业发展脱节，难以达到应用型人才培养标准。这种不足导致了学生的技能训练与实际的业务发展不相匹配，从而无法满足行业对人才的需求。

7. 产教融合运行与评价机制不完善

部分大学目前仍处于高校产教融合的初级阶段，尚未建立对整体流程进行管控、监督和评价的完善机制。为了推进高等教育一体化的进程，这些大学亟须建立起一套科学、系统的管理机制，以确保对整个过程进行全面有效的监管和评估。[114]

(二)产教融合所面临困境的成因

(1)产教融合人才培养的目标定位不清，导致其在应用型本科人才培养中的重要作用往往被忽视。产教融合是推动职业教育进步和提升高等教育水平的关键策略，在研究型大学以及高职高专与中职中专学校中，其实施形式多样且富有成效。以往研究显示，国内高端企业更倾向于与研究型大学联手，共同打造高新技术实验室。同时，中高职院校以就业为导向的教育模式，有效地满足了中低端企业对人才的需求。这种情况导致应用型本科高校在人才市场上面临被研究型大学和中高职院校挤压的困境。作为高等教育的重要组成部分，应用型本科高校占比相当大，它们既渴望成为具有广泛影响力和高声望的高等学府，又不愿局限于培养中低端人才。然而，这些高校一直未能将培养目标集中在高技术技能应用型人才上，从而未能充分认识到产教融合的重要价值。[115]

(2)纺织类本科高校对于产教融合的重要性认知不足，导致其内在推动力的缺失。由于缺乏相应的理论指导，这些高校难以根据地区经济发展特点和自身的独特优势来规划和设置专业及课程。这种不适配表现在高校的人才培养方向、专业和学科构建与地区发展需求及产业集群布局之间的不匹配，以及教学内容与职业标准的脱节上。这些问题进一步导致高校科研成果转化效率低下，使得部分高校难以有效服务地方经济发展。此外，纺织类本科高校的教学体系相对封闭，它们在产教融合的实施中过于关注自身利益，而忽略了其他参与主体的需求和利益。这种做法阻碍了产教融合的深入发展，使得高校与企业之间的合作难以更进一步，从而导致产业与教育领域的紧密联系机会丧失。

(3)企业和行业等主体对于产教融合的重要性认知不足，导致推动应用型本科高校实现产教深度融合的外在驱动力不足。尽管企业在产教融合中占据主体地位且是核心利益相关者，但作为以利益为驱动的社会组织，它们往往难以从与应用型本科高校的产教融合中获得显著的利益。

(4)政府对产教融合的重要性和价值认知也有待加强，其政策支持显然不足。虽然政府在大力推广产教融合，但在实际操作中，未能充分发挥在产教融合过程中的制度设计、执行和监督功能。特别是在支持应用型本科高校转型及企业与高校产教融合方面力度不够,这导致应用型本科高校资源匮乏,进而影响其产教融合的效果。这导致了两方面的问题:一是应用型本科高校因资金短缺而无法及时更新产教融合的实践平台设备,难以建立起足够的实验室和实践实训基地。现有的校外实践基地数量不足,部分基地甚至名存实亡,无法满足应用型本科人才的实践需求。二是企业虽有产教融合的需求,但因面临诸多风险而犹豫不决,而政府又未能提供有效的风险抵御政策,使得企业自身利益无法得到切实保障。综上所述,尽管政府高度重视产教融合,但在实际操作中却遇到诸多难题,这使得产教融合对应用型本科人才培养的价值无法得到充分体现。结合应用型本科高校人才培养的实际需求和产教融合面临的困境来看,相关主体显然还未能充分认识到产教融合的重要价值。

五、产才融合育人范式研究与实践案例介绍

(一)产才融合的内涵与育人范式

1. 产才融合的价值逻辑

人才是科技创新的引擎,产业是科技创新的基底。通过打造产才融合的发展平台,可以有效促进人才与产业的深度融合,进而激发创新活力,推动科技成果的转化和应用,为创建创新型国家提供坚实有力的支撑。此外,产才融合在优化人才资源配置、提升产业发展质量和效益、推动区域经济协调发展等方面,同样发挥着至关重要的作用。[116-117]

2. 产才融合的实践逻辑

高校是人才培养的主阵地,产业是人才就业的主渠道。高校人才培养应面向产业,教学活动需融入产业发展需求和趋势,以提高学生毕业后的就业竞争力和适应能力。通过产学研合作,校企可共同开展科研项目、共建实验室和研发中心,实现资源共享和优势互补。产业发展依靠人才,高水平创新人才能够为产业带来新知识、新技术、新思维,是推动产业升级的关键力量。产才融合有利于将科技成果转化为实际生产力,有力促进产业结构升级和技术创新,能够确保产业有源源不断的高素质人才支撑。

3. 产才融合的育人范式

绍兴市是全国纺织大市,全国百强城市,拥有亚洲最大的纺织品交易市场中国轻纺城,全球每年有1/4的纺织面料在此交易。绍兴文理学院纺织科学

与工程学院深刻认识到人才培养与产业发展间的内在联系，积极打造三维融合产才育人范式。一是"依托产业"育人，通过制订产业需求导向的纺织类专业人才培养方案、构建"进园区、进工厂、进市场"实践育人体系，促进人才培养与产业实践相融合；二是"利用产业"育人，通过深化产学研合作，协同打造高水平的学科竞赛与实践平台，推进技术创新与产业应用相融合；三是"联合产业"育人，通过打造特色省级现代产业学院，成立纺织人才发展培育基金，助力教育资源与产业资源相融合。产才融合育人范式可以有效促进人才与产业的深度融合，有力地推进教育科技人才三位一体的融合发展。三维融合产才育人范式示意图如图7-1所示。

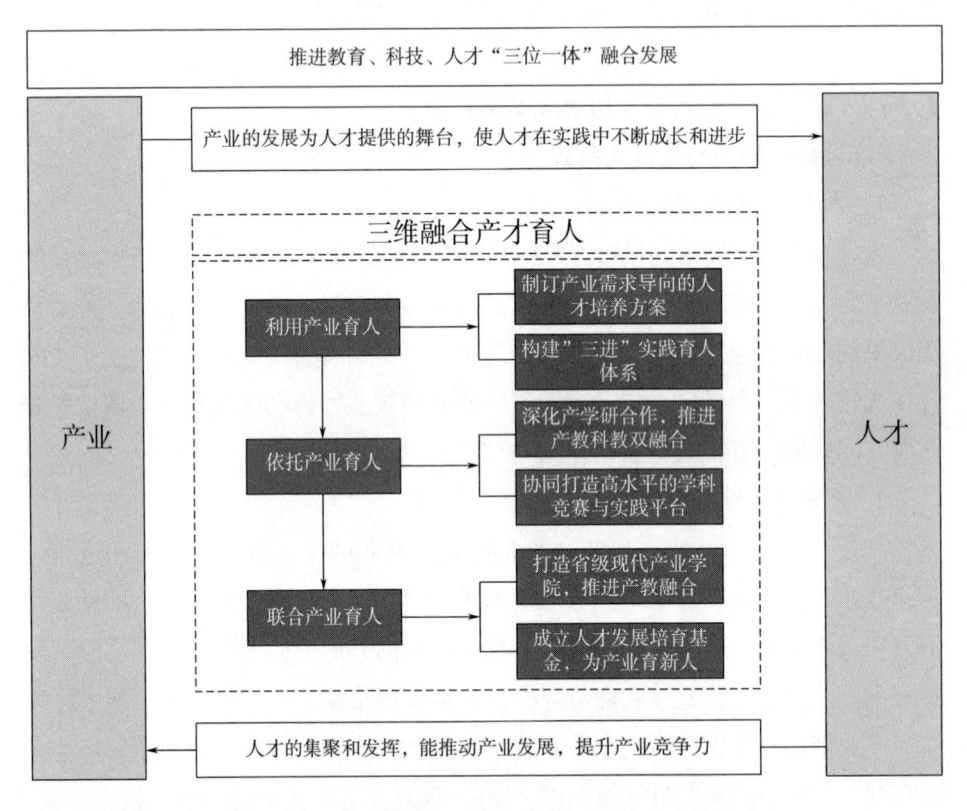

图7-1 绍兴文理学院三维融合产才育人范式示意图

（二）产才融合育人范式探索与实践

1. 依托产业育人

（1）制订产业需求导向的纺织类专业人才培养方案。专业依托产业，聚焦行业产业发展需求，重视新工科、校企共建课程、工程实践等课程设置，制订基于 OBE 理念的纺织类专业人才培养方案，构建基于创新实践能力培养的多元创新实践教学体系，实施基于创新意识与思维培养的专业理论课程体系重构与教学内容优化。调整优化专业设置，引入行业前沿课程，强化实践教学环节，通过校企合作、工学交替等方式，让学生在真实的工作环境中锻炼成长。同时，建立产业导师制度，聘请行业专家参与人才培养过程，确保教学内容与产业需求无缝对接。此外，还应注重培养学生的创新意识和创业能力，鼓励其参与产业技术创新和项目研发，以适应产业转型升级对高素质人才的迫切需求。通过上述措施，可以有效提升人才培养的针对性和实效性，为产业发展提供坚实的人才支撑。

（2）构建"进园区、进工厂、进市场"实践育人体系。依托产业资源，有效推进教育与产业的紧密结合，构建"进园区、进工厂、进市场"实践育人体系，助力产才融合。一是"进园区"提技能。与各类产业园区建立合作关系，通过共建实训基地、研发平台等形式，使学生在真实或模拟的产业环境中学习与实践，增强其解决实际问题的能力。同时，园区内的企业也可为学院提供案例研究、项目合作等机会，促进产学研一体化发展。组织学生实地参观，如赴蓝印小镇了解印染产业前沿与发展趋势，赴诸暨大唐袜业了解产品生产制作与时尚设计。二是"进工厂"长才干。学院建立 70 余个校外实践基地、校企合作平台，开设"产业认证与实践课程""毕业实习"等课程，鼓励学生和教师走进工厂，开展实地调研与技术服务。通过与企业技术人员的紧密合作，师生可以更直观地了解生产工艺、技术瓶颈及市场需求通过深度对接产业实践，实现教育链与产业链的有机衔接。师生团队与绍兴凯奇纺织服饰有限公司等龙头企业共建柯桥未来纺织科技与时尚产业园，依托校地研究院开展技术攻关与人才培养，在真实生产场景中掌握纺织工艺流程、突破性技术难点及市场动态需求，促进理论教学与产业实践的深度融合，有效提升解决实际问题的创新能力。同步推进市场认知拓展工程，组织学生深入中国轻纺城实体市场、柯桥国际时尚周展贸平台及纺织品面辅料博览会等产业前沿阵地，通过市场趋势调研、企业深度访谈、新品发布参与等实践活动，构建起对纺织产业生态的立体化认知。基于实时获取的行业人才需求数据与技术创新动向，动态优化专业课程体系，重点强化智能纺织技术、绿色制造工艺、时尚设计应用等模块建设。

学院可以调整专业设置、优化课程内容，确保所培养的人才能够迅速适应市场需求。

2. 利用产业育人

（1）深化产学研合作，推进产教科教双融合。利用绍兴现代纺织产业优势，学院高度重视深化产学研合作，积极构建以产业为先导、项目为载体、育人为目的的产教科教利益共同体。

（2）协同打造高水平的学科竞赛与实践平台。2020年3月，浙江省"十三五"省级大学生校外实践教育基地——"针纺品创意设计与工程实践教育基地"正式立项，该基地由绍兴市纺织工程学会、绍兴文理学院、浙江七色彩虹控股集团有限公司三方合作共建。三方通过建立定期协商机制、开发申报项目、促成成果转化、开展技术攻关、互派专业技术人才等方式进行人才与技术深度合作，形成学科专业、产业经济相互促进、共同发展的良好格局。"针纺品创意设计与工程实践教育基地"制订针纺品创意设计与工程实践教育基地建设与管理办法，成立针纺品创意设计与工程实践教育基地领导小组，以及工程实践教育基地建设专家委员会。在绍兴市柯桥区政府部门的大力支持和浙江红绿蓝、浙江东进新材料等企业冠名赞助下，发起并连续十余年成功举办中国高校纺织品设计大赛，已经建设成为"政产学研用"特色鲜明，最有影响的全国性纺织类学科竞赛平台，受到中国工程院相关学部的密切关注，先后有姚穆、蒋士成等院士分别多次到会为获奖者颁奖，在引导"产教融合"实践创新教学、贯彻"新工科"人才培养质量标准、新生代时尚纺织品设计师人才培养与信息互动等方面，发挥了重要作用，为全国纺织行业源源不断培养创新创意设计专业人才。[118-119]

3. 联合产业育人

（1）打造特色省级现代产业学院，推进深度产教融合。学院联合33家企业成立纺织智造现代产业学院。纺织智造现代产业学院围绕纺纱、织造、印染及产品设计四大领域，聚焦高端纺织、智慧设计和智能制造三大需求，以一流学科、一流专业、高水平教学科研平台、企业实践与产业基地为支撑，以产业学院理事会和纺织人才发展基金为"两翼"，探索教育链、创新链、产业链、人才链四链融通新模式，打造人才、设备与设施、技术、信息四个共享平台，深化产教融合，理顺双创人才育人路径，开设"智能纺织创新班"，培养服务纺织智造产业高质量发展的双创专业人才。学院构建了"中本一体化、普通本科班、智能纺织创新班、专硕专业人才"的多层次人才培养体系。

（2）设立纺织人才发展培育基金，为现代产业育新人。为推进高水平纺织服装类专业人才培养，服务绍兴及其周边区域现代纺织产业发展，真正推动产业学院做到"产业链、人才链、教育链、创新链"四链融通，实现"人才、设备、技术、信息"共享，学院积极探索设立人才发展基金。一是设立纺织智造现代产业学院纺织人才发展基金。该基金的资金主要来源于产业学院理事会成员单位的捐赠，也包括其他企事业单位或个人对产业学院的捐赠。二是设立现代纺织卓越行业人才培育基金，该基金主要用于资助纺织科学与工程学院为行业培养纺织类卓越工程师等专业人才。通过"进入企业实习""在企业完成毕业论文""毕业后留在企业工作"等方式对有志于进入纺织行业、服务纺织产业发展的学生进行资助，推动产教融合向纵深发展，提升纺织科学与工程领域人才培养质量，为纺织行业输送更多纺织类卓越工程师等专业人才。

第二节　产业学院是突破瓶颈的必然选择

一、国家关于校企合作政策导向的变化轨迹

（一）内涵及意义

现代产业学院是针对国家战略性新兴领域、地方经济支柱行业及新兴产业的迫切人才与创新诉求构建的。此机构不仅集教育培养、社会服务、技术研发三大核心功能于一体，还将教育链、人才链、创新链与产业链深度融合，发挥出强大的多维整合效应。在"新工科"教育理念兴起的当下，其构建蕴含了深远的三重价值：首先，促进了教育与产业的无缝对接；其次，强化了理论与实践的深度融合；最后，加速了科技创新向产业应用的高效转化。这一模式不仅优化了教育资源配置，更推动了产业转型升级与经济高质量发展。

首先，从需求层面来看，现代产业学院致力于培育"新工科"人才，为了适应新经济环境下新技术、新产业、新业态的迅猛发展，这类人才不仅需要具备高素质和复合型技能，还必须拥有出色的实践能力和创新能力。这些人才将服务于国家和区域战略新兴行业。

其次，在组织架构层面，现代产业学院秉持着跨界整合与协同共进的原则。这一平台被视作深化产教融合的核心引擎，旨在有效弥合高等教育中工程技术人才培养与产业界实际需求之间的鸿沟。通过促进高校、政府机构、企业实体、行业协会及科研机构的紧密协作，实现了资源的最优化调配，不仅促进了功能上的优势互补，还达成了资源的广泛共享与创新的协同推进，共同迈向了更高的发展阶段。

最后，从功能维度深入剖析，现代产业学院作为驱动"新工科"教育革新与产教融合深度融合的核心阵地，其核心职责聚焦于培育一批能够契合产业创新前沿，进而引领产业升级的高素质专业人才。此外，作为科教和创新平台，它还通过提供与产业相关的技术研发和社会服务，助力产业实现高质量发展，从而有效地将教育链、人才链、产业链和创新链紧密结合在一起。[120]

（二）现代产业学院发展历史与现状

1. 现代产业学院发展历史

"新工科"建设的核心目标是培育能够应对科技革命与产业变革挑战的复合型、创新型卓越工程技术人才，旨在满足国家战略性新兴产业及区域经济发展的迫切需求。在"新工科"的框架下，高校工科专业需以学生为中心，以成果为导向，并加强创新创业教育。这一理念要求打破校内体制的束缚，实施校内外的融合教育，即校内要实现跨专业、跨学科的交叉培养，校外则要加强与产业的结合，加强校企合作和产学融合来培育所需人才。自"新工科"教育理念诞生，教育界便开启了高校与企业协同构建、共同管理的产业学院模式探索之旅。紧接着，2018年，教育部携手工业和信息化部及中国工程院，联合颁布了《关于加快建设发展"新工科"实施卓越工程师教育培养计划2.0的意见》，倡议在产业关联度高的高校中，与企业携手共建现代化的产业学院，将此作为推动教育创新与产业升级深度融合的重要举措[121]。为了进一步推进这一工作，教育部与工业和信息化部于2020年7月共同制定了《现代产业学院建设指南（试行）》，推动各省市教育行政部门全面开展现代产业学院的建设工作。

2. 现代产业学院发展现状

广东省与江苏省是最先开始建设产业学院的省份。2018年7月，广东省教育厅率先垂范，颁布了《关于推进本科高校产业学院建设的若干意见》的文件，通过建立产业学院，打造产学深度融合的协同育人机制[122]，这种机制将是长期且全方位的。建立协同育人机制，其深远意义不仅局限于促进区域教育与产业的协同创新与发展，更在于打造一种独具特色且影响深远的高等教育应用型人才培育"广东模式"。2020年1月，江苏省教育厅发布了《关于推进本科高校产业学院建设的指导意见》，提出在基于省内已有的品牌专业建设情况下，挑选出约30个建设根基稳固、产教深度融合、教育成效突出的省级重点产业学院建设点，旨在培育出一大批未来的行业领军人才以及高层次创新、应用和技术技能型人才。2021年国家级现代产业学院公示名单中，江苏省共有十所产业学院入选，广东省有七所产业学院位列其中。2020年11月，浙江省发布了关于建设产业学院的通知，并针对立项建设重点产业学院提出了五点具体要求。截至目前，浙江省已确定了50个省级重点支持的现代产业学院建设点。随后，在2021年9月，福建省发布了《福建省现代产业学院建设总体方案》。该方案计划在"十四五"期间，深度融合福建省"六四五"新型产业生态体系，挑选出约30所与产业发展高度契合且教育实力较强的高等院校。通过分阶段、有步骤的策略推动这些高校向省级现代产业学院转型与发展，这些学院将被打造成集人才培养、科学研究、技术创新、企业服务和学生创业功能于一体的示范性人才培养实体，并致力于形成可复制、可推广的"福建模式"。

3. 现代产业学院建设探索实践中存在的问题

（1）产教融合机制不健全。在推进现代产业学院建设的进程中，建立和健全产教融合机制显得尤为重要。然而，在实际操作层面，产教融合不充分的问题却屡有发生。部分学校依旧沿袭了陈旧的教学方式，未能有效地将教学内容与产业发展相结合，致使学生无法积累足够的实操经验和提升必需的职业技能。此外，部分企业对人才培育的漠视，以及缺乏与学校之间的深入协作与沟通，同样对产教融合产生了不利影响，这些因素均阻碍了产教融合预期效果的实现。

（2）专业教师产业实践经验少。现代产业学院的建设，离不开一支拥有丰富产业实战经验的专业教学团队。然而，在现实中，某些学校的专业教师或因缺乏产业实战经验，或因未能及时更新自身的专业知识和技艺，从而难以对学生的实践学习及职业规划提供有效的指引。因此，增加专业教师的产业实战经验、提升其教学水准和执教能力，无疑成为现代产业学院建设过程中的一项核心使命。

（3）教学内容未紧跟产业发展。在现代产业学院的建设进程中，必须密切追踪产业发展的最新动向，并据此适时更新教学手段与内容。不过，在实践中值得注意的是，部分学校的教学内容陈旧，未能及时吸纳产业发展的最新趋势与技术要求。这种滞后不仅对学生的学习效果及其质量构成负面影响，更会削弱学生在职场中的竞争力，制约其未来的职业发展。鉴于此，现代产业学院建设的一项重要使命，就是要着力加强教学内容的更新与优化，确保其与产业发展的步伐紧密相连。

4. 高等院校面向社会产业急需的现代产业学院建设探索与实践的实现路径

（1）构建产教融合的人才培养新模式。"产教融合"主要有两种模式：一是将教学内容与产业需求紧密相连，二是实现教师与企业专家的共同教学参与。为达到这一目标，学校应深入调研企业实际需求，并据此调整和优化课程结构，确保所教授的内容与产业发展保持同步。同时，应积极邀请企业内的专家走进校园，为学生提供宝贵的实践指导和行业讲座，使学生能够接触到行业前沿动态并积累实践经验。而"工学交替"则侧重于学生的实际操作与工作体验。高等院校需与企业携手共建实习基地，为学生提供身临其境的实习机会，以使学生能在实践中运用所学的理论知识，进而提升专业技能。同时，通过搜集学生的实习反馈和评价，学校可以准确掌握学生的学习状况，从而及时调整教学策略，实现教学质量的持续提升。在本科教育层面，纺织工程专业试点新设了纺织与医用材料、纺织与海洋、纺织与产业用纺织品等选修方向；在研究生教育层面，首次推出跨学院选修课，力求打造专业与学科建设相融合的"纺织+"人才培养新体系。同时，根据纺织科学与工程学科下的二级学科方向，对教学系进行了相应调整与优化，确保教师能按照所处学科方向开展教学、教研及创新创业指导等工作，从而将学科团队的最新科研成果有效转化为教学资源，运用于课堂教学和实践指导中。

（2）打造校企共享的实习实训基地。构建实习实训基地，采用"校企共享、教创一体"的模式，是高等院校迎合社会产业需求，进行现代产业学院建设的关键途径之一。此模式的核心在于，通过学校和企业之间的资源共享，推动教学与创新创业的深度融合，从而提升学生的实践技能和创新意识。"校企共享"的理念主要体现在双方共同打造并享用实习实训基地。通过高校与企业的通力合作，共建实习实训基地，以此实现资源的优化配置和高效利用。这些实习实训基地，如实验室、实践中心及创新工作室等，构建了一个将学校与企业紧密连接的实践操作平台。

首先，作为教育实践的重要场所，基地为学生提供了宝贵的实操机会与技能提升的平台。其次，承载着创新创业的功能，激励学生将所学的理论知识转化为具有实际价值的创新产品。在这样的实践环境中，学生不仅能够深入理解企业的运营方式和行业的发展趋势，还能有效培养其创新思维与创业精神。为了提供更高质量的实践教学和指导，学校与专业相关、实力出众的企业进行合作显得尤为重要。这种合作能够整合校企双方的资源优势，携手共建实习实训基地，实现资源共享与优势互补。

（3）建设高水平教师队伍。构建一支双方认同且德才兼备的高水平师资队伍，不仅是高等院校建设现代产业学院的重要举措，同时也顺应了社会产业发展的急切需求。"互聘互认"的目的是，通过双方对工作经历与专业资格的相互承认，以提升师资团队的整体素养与教育水准，进而为培养高素质人才奠定基础。"互聘互认"这一原则，着重强调了学校与企业之间在师资选用上的共识与互信。高校可以引进企业中的高级技术人员、业内专家等担任校内兼职或全职教职，同时将本校的优秀教师派遣至企业进行实地学习与培训，以此来提高教师的实操能力及对行业的深刻认知。

（4）搭建深度融合教学环境。随着技术的不断进步，在高等院校中，智能教室的应用日益广泛，尤其是在计算机科学领域。智能教室，即通过网络化和数字化技术，将现代信息技术融入物理环境、教学设施及教室资源中。对于信息技术领域的专家而言，构建智能教室具有至关重要的意义。在建设智能教室的硬件基础时，高校需满足以下要求：首先，应配备高性能计算机、投影仪、电子白板、照相机、语音识别系统等一系列硬件设备，以及多样化的计算机软件和教学软件。这些设备和软件不仅为学生提供了更为便捷、高效的学习工具，也丰富了教师的教学手段与教学资源。其次，移动学习终端，如智能手机等设备的引入，使学生能够随时随地获取学习资源，实现自主化和个性化的学习。再次，云计算平台则能实现学习资源的共享与协作，确保学生可以随时获取所需资源。最后，人工智能技术的应用，如课程自动化规划、学生行为深度分析、智能问答等，使教学更加智能化和个性化，从而更好地契合学生的学习需求。

　　关于创新工坊的建设及其特色，以及在行业转型中的应用，以轻纺与服装专业为例，其建设模式可由产业集聚地的政府进行主导。这种模式下，学校、政府（含各类园区）、相关行业协会及企业等多方力量，可以共同组建产业学院理事会，以研讨共建、共管及共享的建设模式。该模式旨在实现产教深度融合，打造教育服务地方产业转型的新典范。同时，树立一批产教深度融合的高等院校标杆。在推进智能制造的进程中，产业学院不仅需规划和构建服装数字化设计团队、产业学院服装大数据处理中心、服装智能化生产和制造中心，还需注重智能教室等硬件环境的营造。但更重要的是，高等院校需加强创新工坊的建设。创新工坊，作为学生开展实践操作和创新活动的平台，通常涵盖实验室、实践基地、创新创业中心等重要组成部分。为了满足这一行业的需求，高等院校应确保配备完善的实验室和实践基地。这些设施的完善，将为学生提供一个从理论到实践，再到创新的完整的学习和实践链条。

　　实验室和实践基地，包括材料实验室、染整实验室及设计实验室等，作为学生开展实践操作与创新活动的场所，在纺织服装行业中占据举足轻重的地位。纺织服装创新中心，则扮演着促进学生创新与创业活动的角色。该中心配备了设计工作室、样品制作间及展览室等设施，旨为学生将学术理论转化为具有市场竞争力的实际产品助力，并进一步推动其商业化进程。为了激发学生的创新思维与创业精神，纺织服装行业相关的研讨会和项目为学生提供了全方位的支持，包括创业指导、项目资金筹措及提供企业孵化器等。通过这些举措，学生不仅有机会将创意转化为实际产品，还能在商业化过程中不断磨砺自己的创新和实战技能。[123]

二、不同层次高校的特色做法

　　构建现代产业学院是一个涉及多方主体的复杂过程，这其中包括高等院校、行业内的领军企业、地方政府部门、相关行业协会及科研机构等众多参与者。

　　依据不同的合作建设主体，目前现代产业学院所采用的合作模式呈现多样化，如校企、校政企、校政行企、校研企、校行企、校政研、校政、校行政、校行、校研以及跨校等多种合作模式。其中，东华大学、浙江理工大学及绍兴文理学院都构建了产业学院，如图 7-2 所示。

学院名称	东华大学新材料现代产业学院	浙江理工大学时尚创新产业学院	绍兴文理学院纺织智造现代产业学院
办学定位	作为全国首批现代产业学院之一，东华大学新材料现代产业学院致力于培养新材料领域的高素质创新人才，推动产学研用深度融合，促进教育链、创新链、产业链的有效衔接	实施高校科技和人才资源优势、地方产业和政策优势与企业创新主体的高效叠加，加快推进传统产业的转型升级和创新发展。学院建立了时尚设计、技术与管理的实践创新路径，形成本硕博一体的时尚应用研究型人才培养体系	构建与行业企业、学会/协会等多主体共建共管共享的产业学院，深入推进产教融合、校企合作，强化协同育人，不断提高人才培养质量，为纺织行业转型升级、走高质量发展之路源源不断输送专业人才，打造服务长三角区域纺织智造领域浙江省重点特色现代产业学院
管理模式	"1+3+5+X" "1"指东华大学作为主体学校。"3"代表产业发展的三个专业：高分子材料与工程、环境工程、软件工程。"5"是五家主要合作企业：中国商飞上海飞机制造有限公司、中国石化上海石油化工股份有限公司、上海康恒环境股份有限公司、上海清宁环境规划设计有限公司、万达信息股份有限公司。"X"表示开放的合作研究机构或企业，如中国航发、上海华谊、浙江恒逸等	"政校行企1+5" 通过"政校行企1+5"办学机制，共同制订人才培养方案、开发课程标准与教材、选拔和培养学生、培养"双师"和建设实训基地，实现教育链、人才链与产业链、创新链的有机衔接	四链融通、一院一会一基金 (1)探索理事会治理模式，推出"四链融通"，成立理事会，发布理事会章程，落实产业学院理事长领导下的院长负责制 (2)构建高效管理运行机制，建立长效合作机制，构建"一院一会一基金"高效管理运行机制
特色亮点	四个突出特点 需求导向：面向国家战略深化教育教学机制改革，突出服务国家重大战略 产教融合：创新产、学、研、用多主体育人模式，突出实践育人 教研相长：探索教学及科研深度融合的新途径，突出科教融合 全程育人：确保人才坚定的政治方向和职业素养，突出立德树人	课程体系与平台 "四位一体"分层分类课程体系：采用"工程技术+科技创新+艺术设计+文化素养"的"四位一体"分层分类课程体系，突出情境仿真、体验式、场景化教学，提升学生的综合应用能力 高水平人才智库与产学研平台：构建"双向流通"的高水平人才智库，完善"产学研共赢"的多元化平台	特色亮点 围绕纺纱、织造、印染及产品设计四大领域，聚焦高端纺织、智慧设计和智能制造三大需求，以一流学科、一流专业、高水平教学科研平台、企业实验基地、产业学院理事会和纺织人才发展基金为"两翼"，探索教育链、产业链、人才链四链融通新模式，建立人才、设备与设施、技术、信息四个共享平台，推进纺织智造现代产业学院建设

图 7-2 不同层次产业学院建设情况

第三节 协同育人是教育资源优化配置的不二法门

一、协同育人理念

近年来，随着我国高等教育体系的不断演进，其在横向规模上的指数型增长因人口增长结构的稳定已逐渐步入成熟阶段。这一变化直接推动了高等教育的纵向深化发展，特别是人才培养模式的改革，已成为我国高等教育未来战略发展的核心和关键。在高等教育体制深化改革的背景下，高校科研职能迎来前所未有的发展机遇。值得一提的是，国家推出的高等学校创新能力提升计划（"2011 计划"），为高校科研的发展路径提供了明确指引。

"协同育人"这一理念最初由高等教育领域的"协同育人"及"合作教育"等观念演变而来。随着我国高等教育发展战略的不断调整，教育体系的逐步完善以及教育规模的持续扩大，"协同育人"理念也逐渐受到重视。随着师资和物资的不断丰富，外部环境对人才的需求也在不断变化。这些变革使得协同育人在各个时期都呈现出不同的内涵和实践成果。自20世纪90年代以来，学术界针对"联合培养"及其具体应用的探究逐渐深入。学者们从多元化的学科专业、不同类型的高校以及差异化的区域发展等多个层面，深入探讨了协同育人在教育中的重要作用，并对其价值进行了详尽的分析。同时，学者们也开始寻求协同育人的新方法和新路径。在此阶段，学科专业化的发展趋势以及借助留学、访学等途径培育顶尖学生的策略，共同构成了协同育人发展的主导方向。进入21世纪后，伴随高校规模的持续扩张以及社会对人才需求日益增长的多样性，校际、校企、校所乃至中外联合培养等多种实践活动，在规模与类型层面均呈现出迅速扩展的趋势。这一趋势不仅为协同育人注入了新的活力，也进一步推动了高等教育的发展与创新。

二、五大协同

协同育人是一个多方互动的过程，要求承担育人职责的各方在系统内部进行资源共享和能量汇聚，以有效地培养和利用人才。尽管"协同育人"的理念起源于欧洲，但却在我国受到广泛的关注与应用，这当然与我国政府在产学研协同创新方面的积极推动及一系列相关政策文件的出台密不可分。在政策层面，教育部于2010年颁布的《国家中长期教育改革和发展规划纲要（2010—2020年）》中，明确提出了构建大学、研究所、行业、企业共同参与的人才培养新机制。2012年，《关于全面提高高等教育质量的若干意见》则进一步强调了大力推进协同创新的重要性，并积极探索校企协同、校所协同、校地（区域）协同、校会（行业）协同及校校协同等开放、集成、高效的新模式。在实践层面，2014年起，教育部便持续组织国内外知名企业与高校共同开展产学合作协同育人项目。通过鼓励企业自主立项和提供专项资金，支持高校进行专业综合改革、课程改革和师资培训等，从而将社会资源有效转化为育人资源，为企业与高校的深度合作提供了坚实的平台。总体来看，当前我国政府正在全力推进高校协同育人工作，这无疑为我国高校教育的转型提供了一个难得的契机。[124]

当前的研究成果已经在育人模式上实现了横向的多样化拓展，然而在机制与效果等层面的探究尚显浅薄。与此同时，相较于高等教育，职业教育领域的研究更为丰富。面对育人模式中机制不完善、沟通平台与资源短缺、评价体系不全面等现实问题，应当紧密结合国家的经济发展动向与相关政策，开展深入的案例分析。此外，还需对协同育人的有效性和可持续性进行透彻探究，以期优化整体的顶层设计。[125]

（一）校企协同育人

校企协同育人模式通过整合教育机构与产业主体的资源优势，形成双向赋能的人才培养生态。该模式突破传统院校单一培养框架，建立校企双元主体协同机制，企业深度参与培养方案制定、课程开发及实践平台建设，将产业技术标准、生产流程规范等要素融入教学全过程。合作双方共同组建"双师型"教学团队，由院校教师负责理论体系构建，企业技术骨干承担实践技能传授，形成知识传授与能力培养的互补格局。在质量监控维度，建立涵盖知识掌握度、技能达标率、岗位适应力等指标的联合评估体系，实现人才培养全流程的闭环管理。

校企协同育人机制是一种涉及多方参与的运行体系。在该体系中，学校和企业作为核心主体，政府起主导作用，行业组织提供指导，而学生则作为重要的参与者。这一机制的最终目标在于提升人才培养的质量。为了实现这一目标，各方需要积极合作、紧密配合、相互协调，以形成一套能够自动自发运转的机制。该机制展现了行业、学校、企业与学生之间的深度互动与联结。因此，构建一个行业、学校、企业及学生共同参与的校企协同育人机制，不仅尤为重要，而且是保障校企协同育人稳定、持续发展的关键所在。本文将校企协同育人机制定义为：一种学校和企业紧密合作、行业组织参与指导、学生积极参与的办学活动方式或运行机制。

校企协同育人机制作为多方联动的协同机制，其运行架构包含学校、企业、政府、行业组织及学生等多元主体。在该机制中，院校与企业构成双核驱动主体，政府发挥政策引导与资源调配作用，行业协会提供产业标准与需求指引，学生则作为核心受益者与主动参与者共同融入培养过程。这种机制的运行本质是通过主体间的深度协作形成自组织、自优化的育人网络，其核心价值在于提升人才培养与产业需求的契合度。这种立体化协作模式突破传统校企合作的表层联动，形成覆盖人才标准制定、课程体系设计、实践平台建设、质量评估反馈的全流程协同，通过主体间的信息共享、资源互补与利益共生，构建起可持续的产教融合生态链。其核心特征在于将人才培养从院校单一责任转化为产业生态共同使命，使教育供给与产业需求形成动态平衡，最终实现教育链、人才链与产业链的有机衔接。

（二）校所协同育人

"科教结合协同育人"模式独具特色，它采用"结合"作为核心手段，促使科研院所与高等学校之间形成紧密的合作关系。"协同"为过程，旨在达成"育人"的终极目标。此模式有效整合了高等学校与科研院所的资源与优势，促进了协同育人、科技创新等多元化的协同成果。审视我国"科教结合协同育人"的发展历程，不难发现其起步较晚，自新中国成立后的数十年间，其发展进程相对缓慢。但进入21世纪后，该领域迎来了重要的战略发展期，展现出了前所未有的活力，逐渐形成了三种典型模式，包括研究生联合培养、科技英才班及科教融合共建学院。然而，在当前的快速发展中，科教结合协同育人仍面临诸多挑战。例如，多数合作单位的成效并不突出，成功的案例主要集中在国内顶尖的研究型高校与实力强大的科研院所之间，而地方性普通高校和一般科研机构则鲜有参与，显示出合作的局限性。即便在合作基础较好的单位，合作的深度和广度也有待提升。这些问题的根本原因在于合作过程中的体制机制尚未完善，缺乏有效的合作保障机制。[126]

（三）校地（区域）协同育人

校地（区域）协同育人机制体现为高校与属地政府、企业及社会机构共建的产教融合网络，其运行逻辑在于通过整合区域资源提升人才培养的实践效能。该模式以服务地方产业需求为导向，充分激活高校所在区域的产业资源、政策支持与社会资本，构建起人才培养与区域发展的共生关系。在此过程中，高校发挥知识创新与人才储备功能，地方政府提供政策引导与平台支持，企业注入技术标准与实战场景，三方基于协同效应理论形成资源共享、能力互补的联动机制。这种立体化协作不仅优化了应用型人才的实践能力培养路径，更通过真实项目研发、产业技术攻关等载体，使学生深度介入区域产业升级进程。在此生态中，高校教学资源与地方产业需求实现精准对接，企业技术难题转化为教学案例，政府搭建的产教融合平台成为能力转化枢纽，形成教育质量提升与区域经济社会发展的双向赋能格局。

（四）校会（行业）协同育人

校会（行业）协同育人体现为高校与行业协会共建的产教融合生态，其核心在于通过专业组织纽带实现教育链与产业链的深度耦合。行业协会作为汇聚科技专家、产业精英及企业实体的枢纽平台，在协同育人中发挥资源整合与需求传导的双重功能。通过激活行业协会的行业号召力与资源网络，高校得以精准对接产业技术标准与人才需求，企业深度介入培养方案制定、课程体系优化及实践平台建设等关键环节。在此机制下，行业协会搭建产学研对话平台，将行业前沿动态、技术攻关方向转化为教学资源，高校则依托协会网络引入企业真实项目与实战案例，形成覆盖人才培养全周期的协同闭环。这种深度协作不仅重塑了传统教育模式中校企互动的浅层形态，更通过行业标准的导入、产业导师的介入、实践场景的供给，系统性提升学生的工程实践能力与行业适应力，同步强化其创新思维与社会责任意识，最终实现人才素质与就业竞争力的双向提升。

（五）校际协同育人

校际协同育人是为强化学校之间的沟通与协作而建立的一种教育机制。通过这种机制，学校与学校之间、教师与教师之间能够进行多方位的交流与互动，从而拓宽教育视野，充分利用各校的优势资源。在这一机制下，各校能够相互支持，取长补短，共同学习和进步，为学生的全面成长营造更优质的教育氛围。同时，这种协同模式有助于实现教育资源的共享，优化教育质量，进而培养出更多的杰出人才。

协同育人作为涉及多元主体的复杂系统工程，其研究与实践的深化亟须突破学术界的单一研究格局。当前研究力量过度集中于教育领域，导致产业需求侧视角与实践经验维度的探讨相对薄弱，制约了产教融合机制在现实应用中的效能提升。未来需要构建跨领域研究共同体，吸引更多具有产业实战经验的企业管理者、技术专家与社会组织代表加入研究队伍，形成学界与业界互补的研究范式。这种跨界协作不仅能将企业的人才标准、生产工艺等实践要素转化为理论研究素材，更能通过校企联合教研团队建设、产教融合案例库开发等具体举措，推动理论研究与实践创新的双向互动。在实施层面，建议建立常态化的校企对话机制，例如定期举办由高校教师与企业工程师共同参与的"双师工作坊"，在技术课程开发、实践项目设计等环节形成共建共享机制。

近年来，随着对协同育人研究的持续深化，其关注的焦点已逐步转移至思想政治教育、课程思政等核心的人才培养手段及创新方法上。这一现象提示院校必须紧跟时代步伐，持续进步。为此，需要对协同育人的心理学机制、价值观导向及跨学科应用进行深入探究，以揭示其深层次的育人规律。[94]

三、协同育人体系的构建
（一）纺织类本科人才培养协同育人体系的构建

构建纺织类本科人才培养协同育人体系，是一个需要综合考虑多方面因素的复杂工程。这一体系的构建，要求学校、企业、政府部门及社会各界等多方主体共同参与，以形成强大的教育协作力量。接下来，将阐述构建此协同育人体系的关键环节和核心要素。

1. 明确培养目标

首先要确立清晰的纺织类本科人才培养目标，旨在培养出掌握深厚纺织专业知识、具备优秀的实践操作能力与创新思维的高素质人才。此目标应作为构建协同育人体系的根本指引，始终贯穿整个体系的建设。

2. 建立多方参与的协同育人机制

学校与纺织企业之间应建立起稳固的合作关系。双方需共同商讨并制订人才培养方案，旨在实现资源共享与优势互补的目标。在这种合作模式下，企业能够向学校提供宝贵的实习与实训基地、先进的技术支持，以及行业内的人才需求信息。相应地，学校可以凭借其教育资源为企业提供优秀人才，以及开展科研方面的深度合作。

政府的引导与支持在协同育人工作中具有举足轻重的作用。为了促进学校、企业及社会各方积极参与，政府应当颁布相应政策进行鼓励和引导。具体而言，政府可以通过设立专项资金来扶持纺织类本科人才培养的协同项目，确保这些项目的顺利推进。同时，构建有效的激励机制也至关重要，这样能够及时表彰和奖励在协同育人过程中表现出色、做出显著贡献的单位与个人。此类措施不仅能够有效激发各方参与协同育人的积极性，还有助于进一步提升人才培养的质量和效率。

纺织类本科人才培养过程中，社会力量的参与显得至关重要。我们应积极倡导并激励社会各界，如行业协会、科研机构等，主动融入人才培养的进程。这些组织能够向学校提供最新的行业动态、市场需求等宝贵信息，从而为学校调整和优化人才培养方案提供有力支撑，进而提升纺织类本科教育的质量和效果。这样的合作模式，能更高效地对接行业需求，从而培养出更多满足市场需求的优秀人才。

3. **完善协同育人课程体系**

为完善协同育人课程体系，应当根据纺织类本科人才的培养目标，并紧密结合企业与社会的实际需求。在课程设置时，必须着重考虑理论与实践的有机融合，特别需要加强实践教学环节，以此来提升学生的实践操作能力与创新精神。此外，引入企业实战课程和行业相关课程也是很有必要的，这样可以帮助学生更深入地了解行业发展的最新动态和市场需求，为他们未来的职业生涯奠定坚实基础。

4. **加强师资队伍建设**

组建一支由学校教师、企业工程师和社会专家组成的师资队伍，共同承担纺织类本科人才的培养任务。学校需强化对教师的培训与管理，以提升其教育教学水平及实践能力；而企业和社会专家则能为学校带来宝贵的实践经验和行业知识，助力学生更好地适应市场需求。

5. **建立评价体系**

为客观且精确地衡量协同育人的成效，需构建一个科学而详尽的评价系统。该系统需涵盖学生的知识储备、实际操作能力及创新思维等多个评估维度。在评价方法上，可综合运用考试、实习汇报及毕业论文等多重考核手段。此外，为确保协同育人工作的持续优化，必须设立有效的反馈环节，积极征集学生、企业及社会各界的反馈与建议。

(二) 案例：绍兴文理学院高校—学会（协会）—企业三方协同育人机制探索

1. **高校—学会（协会）—企业三方协同育人机制内涵**

"高校—学会（协会）—企业"三方协同育人是指围绕纺织类专业人才培养目标，高校、学会（协会）、企业三方共同参与，各主体之间形成互动与共享的局面，实质是纺织类专业人才的供给方、桥梁方和需求方之间的合作与共享，优势互补，将高校专业人才培养、学会服务、企业高质量发展有机结合起来，形成纺织类专业人才高校—学会（协会）—企业三方协同育人机制。高校是纺织类人才的供给方，应以行业发展需要和社会实际需求为导向，落实和完善人才培养方案，为纺织类专业人才培养提供基础保障。[127]

（1）内在逻辑。《纺织行业"十四五"科技发展指导意见》指出，要实现"纺织强国"的目标，就必须以理念创新为先导、科技创新为重点，创新育人方式，深化教育教学改革，建立符合国家和地方经济社会发展需要的人才培养体系。[128-129]绍兴文理学院纺织服装学院建有纺织工程、轻化工程、服装与服饰设计专业，承担高分子材料与工程（化纤方向）人才培养工作，不断深化OBE教育理念，积极探索构建"高校—学会（协会）—企业"三方协同育人机制。该机制围绕"党建统领、基地构建、产教融合、项目驱动、联动管理"五个方面展开，形成"五位一体"的育人新模式，如图7-3所示。党建统领是核心，围绕"为党育人、为国育才"的使命，进一步明确协同育人方向；基地构建是支撑，通过校内外资源，建立多主体的育人实践基地，为人才培养提供了基础；产教融合是重点，吸引行业企业广泛参与人才培养各个环节，促进产业需求与人才培养的"无缝衔接"；项目驱动是途径，创新协同育人手段，通过认识实习等课程为先导，以专题式学科竞赛项目、开放式创新创业项目、产教协同毕业设计项目为承载，提高学生的工程实践能力；联动管理是保障，构建组织领导、合作、联动的管理机制，提升育人效率。

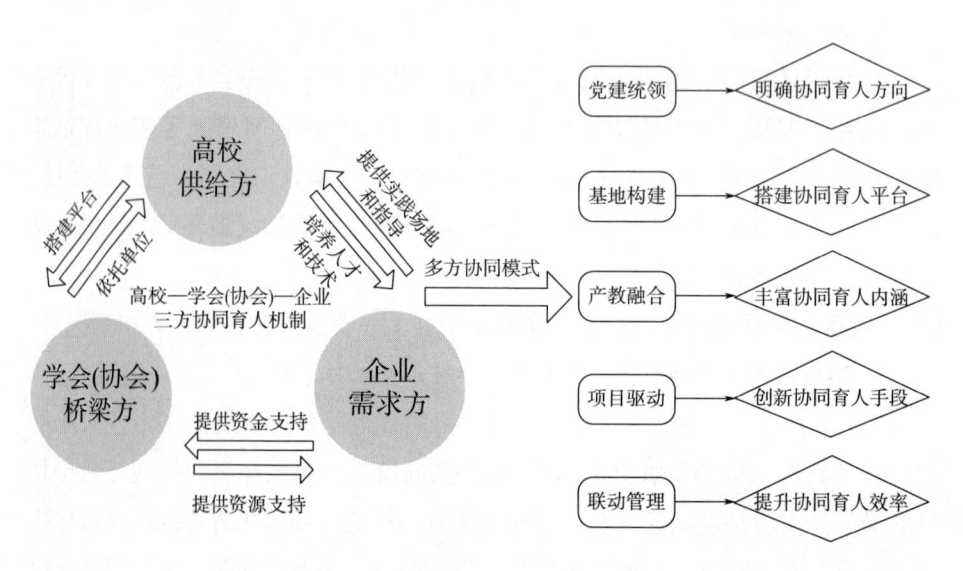

图7-3 高校—学会（协会）—企业三方协同育人机制

（2）主要做法。绍兴文理学院纺织服装学院主要充分利用行业、学会（协会）等资源，积极构建三方协同育人机制。一方面，学院依托地方学会（协会）平台，通过引进浙江省纺织工程学会纺纱技术专委会、绍兴市纺织工程学会挂靠学院，在学院设立专委会、学会秘书处，骨干教师担任学会（协会）事会理事长、秘书长；与绍兴市纺织工程学会、绍兴市重庆商会及其成员单位企业开展党建共建合作等方式，将校会企相关方紧密联系起来，深入推进和学会（协会）各成员单位的交流合作。另一方面，学院依托全国行业协会，通过在学院建立中国棉纺织行业协会绍兴服务站，与行业协会联合举办国际、全国行业技术发展论坛等重要学术活动等方式，进一步整合发挥行业协会技术、人才智力资源和组织网络优势，提升学院在全国范围内的辐射影响力。纺织类专业人才高校—学会（协会）—企业三方协同育人机制，不仅丰富了行业学会的人才资源库，同时，围绕纺织行业重点、难点，通过企业出题、学会把关、学院答题的方式，提升了学院教师服务社会、实践育人的能力和水平，也为学院纺织类人才培养搭建了更高层次的平台，推进了纺织类创新型人才的培养，拓宽了国际视野，进一步提升了大学生的创新精神、实践能力、社会责任感和就业能力。

2. 高校—学会（协会）—企业三方协同育人机制实践探索

（1）以党建统领为核心，明确协同育人方向。以党建为统揽，着力提升党建工作与人才培养的融合度。推动高校党建引领人才培养质量提升，全面落实立德树人根本任务，践行为党育人、为国育才使命，是实现高等教育事业高质量发展的重要引擎。

绍兴文理学院纺织服装学院党委依托绍兴现代纺织产业有关的行业学会（协会）等平台，大力推进校会企党建共同体建设，构建校地融合新格局，积极探索"经纬党建"工作品牌。"经纬党建"建立学院—学会（协会）—企业、学院党委—学会（协会）党委—企业党支部、师生党员—学会（协会）党员—企业党员纵向三级联动，着力构建校会企党建共融互促的运行机制，做深做实产学研合作。学院党委与绍兴市纺织工程学会党组织及所属成员单位中纺院江南分院党支部开展党建共建，通过共建合作基地，互挂共建基地牌子，签订共建协议，联合开展主题党日活动和实践活动。在校会企党建融合工作推进中，教师服务学会企业能力和动力不断增强，对学生的培养引领示范作用不断提升，多位党员教师获得浙江省"三育人""科技先锋岗"等荣誉称号。依托党建统领，校会企党建融合的优质案例走进课堂，学院"布衣中国"课程思政案例在省、市级课程思政说课比赛中获得佳绩。

（2）以基地构建为支撑，搭建协同育人平台。高校—学会（协会）—企业三方共建实践基地，一方面可以解决校内实践教学资源不足的问题，通过聘请实践经验丰富的企业骨干与校内教师共同担任指导教师，发挥校外实践教学基地在设备、研发案例方面的优势，可以弥补高校软硬件设施的不足，更好地服务于实践教学[130]。另一方面可以提升学生的实践能力，通过在基地参观认识、生产实践、课程设计、毕业设计等，提升学生的工程实践能力。

通过建立的中国棉纺织行业协会绍兴服务站，利用国家级学会行业专家资源，通过业界精英进课堂，棉纺行业专家走进"纺纱学"课程，助力成功打造线上线下省一流课程。学院联合绍兴市纺织工程学会及其成员单位浙江七色彩虹控股集团有限公司三方共建省级大学生校外实践教育建设基地（针纺品创意设计与工程实践教育基地）。三方通过建立定期协商机制、开发申报项目、促成成果转化、开展技术攻关、互派专业技术人才等方式开展人才与技术深度合作，形成学科专业与产业经济相互促进、共同发展。依托基地实施以课程教学、企业实践为抓手的专业人才培养模式，校内外导师共同指导毕业生开展毕业课题。绍兴文理学院纺织服装学院与绍兴市纺织工程学会会员单位浙江佳人新材料有限公司建立"低碳行动，校企联动"产教融合学生教育实践示范基地，依托基地，三方共同开展"低碳行动，校企联动"可再生纺织品回收公益活动。该基地的建立不仅有助于学生就业创业，提高学院服务地方的能力，还有助于提高大学生绿色环保意识，以及提升对国家生态文明理念的认同感。

（3）以产教融合为重点，丰富协同育人内涵。产教融合是促进校企协同育人的基本手段，是实现产学研用结合的主要方法，是提高人才培养质量的重要途径。依托纺织智造现代产业学院，深化产教科教协同育人。与行业企业用人单位合作建设实验室、实习实训基地、创新创业基地，共同开发教学资源，建设一批管理健全、运行良好、专业对口、数量充足、长期稳定的校外实习实训基地及大学生校外实践教育基地，让行业企业深度参与，贯穿创新人才培养的全过程。

学院联合浙江省纺织行业协会、绍兴市纺织工程学会等三十余家会员企业、研究院成立纺织智造现代产业学院。依托产业学院，积极探索与实施产教融合。构建了与产业发展相匹配的人才培养体系，使专业人才培养覆盖整个纺织产业链。实施校企互聘专家模式，共商人才培养目标和方案。学院联合学会、企业校外专家共建课程组，开设校企共建课程，邀请业界精英进课堂。学会会员企业设立奖、助学金资助学生自立自强。学院承办的中国高校纺织品设计大赛，连续十四年先后得到绍兴市纺织工程学会成员单位浙江红绿蓝纺织印染有限公司、浙江东进新材料有限公司的支持。将大赛作为重要的教学环节融入专业人才培养方案与课程体系，有效提升了学生的创新能力和实践动手能力[127]。学院联合行业学会共同举办国际、国内行业技术发展论坛，鼓励师生积极参与纺织产业的对话和交流。学院受行业学会的委托、开展面向行业专业技术人才的企业定制化培训服务，进一步加强了对纺织类专业人才的培养。

（4）以项目驱动为途径，创新协同育人手段。项目驱动是以完成某项任务为目的，有效激发学生的学习兴趣，培养学生的主动探索精神从而提高就业技能的教学模式。[131]绍兴文理学院纺织服装学院通过认识实习等课程为先导，让学生熟悉、了解校外实践基地与合作单位的情况，以专题式学科竞赛项目、开放式创新创业项目、产教协同毕业设计项目深化创新工程实践教育基地建设，培养学生的工程项目组织实施、团队合作、探索研究、项目进度控制等综合能力。通过项目立项的方式支持教师教学改革及学生创新实践。师生联合参与完成以企业技术难题与项目需求转化的课题项目，不仅能帮助企业攻关技术难题，还能提升青年教师和学生解决实际问题的能力。

学院依托省级大学生校外实践教育建设基地，协同省市纺织工程学会共同打造"经纬之韵"学生创意设计实践活动，目的在于以"经纬之韵"学生创意设计实践活动为抓手，推动课程群实施项目驱动式教学，推进课程作业作品化、作品产品化、产品市场化的进阶人才培养的教学与实践探索，不断提升学生工程实践能力，强化学生创意创新创业能力培养。"经纬之韵"学生创意设计实践活动作品展的作品均来自"手工印染技法""手工刺绣""针织物组织与产品设计""毛衫设计与生产"四门课程，是基于"材料＋工程＋设计"的项目驱动教学实践成果，融入了解决复杂工程能力的专业人才培养理念。

（5）以联动管理为保障，提升协同育人效率。高校—学会（协会）—企业三方通过构建组织领导、合作、联动的管理机制，确保三方协同育人得以顺利实施。以"针纺品创意设计与工程实践教育基地"浙江省大学生校外实践教育建设基地(以下简称"基地")为例,介绍如下。

①明确组织领导构架。基地成立领导小组,领导小组由绍兴文理学院纺织服装学院、浙江七色彩虹控股集团有限公司和绍兴市纺织工程学会相关领导组成,负责顶层设计、组织管理、协调运行等。领导小组下设基地管理办公室和专家委员会两个机构,基地管理办公室负责基地的日常运行与管理;专家委员会负责人才培养方案的制订和实践教育基地实践项目的实施。

②建设规范的合作机制。基地制定建设与管理办法明确运行机制,学院为基地提供专项经费,用以聘请校外专家参与"业绩精英进课堂"开展课程教学及教师教学改革、学生创新实践项目支持。绍兴市纺织工程学会负责组织学会会员专家参与工程实践教育基地建设,开展科技育人服务与指导。浙江七色彩虹控股集团有限公司免费为实践项目学生提供原料、场地及实习机会,同时给予实习学生相应的生活保障。

③建立联动管理机制。三方通过主题党日活动、调研座谈会、行业学术年会、专场招聘会等方式保持互动互访与多层联动交流,以需求为导向,强化资源对接,实现需求、任务的实时对接,确保高校、学会、企业三方形成互惠互利的联动管理机制。高校发挥人力资源优势,建立高校专家库,及时跟踪企业岗位需求,快速响应企业的技术与人才需求。学会发挥桥梁和纽带作用,创造机会,及时对接校企需求。企业发挥敏锐的市场优势,建立并动态更新人才岗位需求库,为建立人才培养动态调整工作机制提供支持。[132]

参考文献

[1] 刘琳.《生态纺织品技术要求》新旧标准差异[J]. 纺织标准与质量，2021（1）：22-26，31.

[2] 丝绸桑蚕品牌集群. 中国桑蚕丝绸产业发展专题报告[EB/OL].（2023-10-12）.

[3] 赵绪福. 产业链视角下中国农业纺织原料发展研究[D]. 武汉：华中农业大学，2006.

[4] 曼塔瑞. 2023—2035年化纤行业调研及发展趋势分析[EB/OL].（2023-08-22）.

[5] 刘子涵. 聚苯胺插层氧化石墨烯纳滤膜对印染废水处理效能研究[D]. 哈尔滨：哈尔滨工业大学，2022.

[6] 华经产业研究院. 2023年中国染料行业现状及趋势中高端染料的研发与生产将是发展重点[图][EB/OL].（2023-10-17）.

[7] 智研产业研究院. 2024年中国印染助剂行业市场投资前景分析报告智研咨询[EB/OL].（2024-01-30）.

[8] 秦悦，陈新伟. 推动产业高端化智能化绿色化转型全面建设化纤强国[J]. 纺织科学研究，2022，33（5）：43-45.

[9] 万桃红. 2021年中国纱线行业产量、进出口及经营规模情况分析[EB/OL].（2022-05-23）.

[10] 项目咨询百事通. 2023年印染行业染整行业研究报告[EB/OL].（2023-03-18）.

[11] 田琳，魏春艳，陈素英，等. 服用纺织品性能与应用[M]. 北京：中国纺织出版社，2014.

[12] 刘瑾. 中国服装深度融入世界国产服装超全球半数[N]. 经济日报. 2023-11-28（2）.

[13] 孙瑞哲. 坚定信心、开拓奋进，书写新型工业化的锦绣篇章[J]. 纺织导报，2024（1）：21-34.

[14] 千际投行. 2023中国家纺行业研究报告[R]. 北京，2023.

[15] 中国家用纺织品市场规模和份额分析：增长趋势和预测（2024—2029）.

[16] 许红洲. 产业用纺织品加速应用促升级[N]. 经济日报. 2016-08-18（4）.

［17］郭燕.《纺织行业"十四五"发展纲要》及《纺织行业"十四五"绿色发展指导意见》中纺织行业绿色发展解读［J］.再生资源与循环经济，2021，14（10）：4-7.

［18］段文平.中国纺织业可持续发展能力研究［D］.武汉：武汉理工大学，2007.

［19］白静，倪阳生.纺织服装人才培养体系的现状、比较和展望［C］//2022世界纺织服装教育大会.天津：2022-11-18，20.

［20］孙瑞哲.鉴过往，启未来［J］.中国服饰，2021（3）：10-17.

［21］滕卉荣.数智赋能图景新［N］.中国纺织报，2022（1）.

［22］马颜雪，薛文良，丁亦，董爱华，黄荣，邹婷.人工智能技术与纺织品设计相融合的跨学科人才培养实践［J］.纺织服装教育，2022，37（4）：299-302.

［23］薛岩松.基于国家创新体系理论的纺织特色高等学校发展战略研究［D］.天津：天津工业大学，2011.

［24］徐浩贻.纺织高等教育的现状分析与思考［J］.大学教育科学，2003（1）：62-64.

［25］孙瑞哲.纺织强国再出发，谱写高质量发展新篇章［R］.中国纺织大会，2020.

［26］熊兴，王婧倩，陈文晖.新形势下我国纺织服装产业转型升级研究［J］.理论探索，2020（6）：97-101.

［27］迈上新征程的中国经济社会发展［J］.全国新书目，2021（3）：28-29.

［28］哈工创投.深度解读：新科技革命与产业变革将如何改变我们的未来［EB/OL］.（2021-08-13）.

［29］国务院关于印发统筹推进世界一流大学和一流学科建设总体方案的通知［Z］.国发〔2015〕64号.

［30］丁玉梅.国际贸易专业应用型人才培养模式的改进［J］.长春理工大学学报（自然科学版），2010（5）：102-103.

［31］丁辉.浅析创新型人才的含义与特征［J］.当代教育论坛：管理研究，2010（5）：89-90.

［32］孟庆研.高校复合型人才培养的思考［J］.长春理工大学学报：高教版，2010（1）：60-61.

［33］徐芳，张光先.新工科背景下提升纺织类专业本科生专业认同度［J］.西南师范大学学报（自然科学版），2023，48，（7）：139-144.

［34］刘雍，王润，范杰，等."新工科"背景下纺织工程专业人才培养模式探讨［J］.轻纺工业与技术，2022（3）：102-104.

[35] 刘杰，贾琳，马会芳，等．新工科背景下基于OBE理念应用型人才培养研究：以河南工程学院纺织工程专业为例［J］．轻纺工业与技术，2022（3）：114-116．

[36] 周丹，尹伊秋，姚一军，等．OBE理念下纺织工程专业纺织品设计方向的实践教学培养模式探索［J］．福建轻纺，2022（7）：48-50．

[37] 张琦．高校与产业间协同创新和协同育人的共生机制分析［D］．南宁：广西大学，2016．

[38] 杨莉，凤权，徐文正．基于"卓越工程师"教育理念下的创新能力培养［J］．轻工科技，2020（2）：186-188．

[39] 王洪超，万霖，王紫玉，等．智能制造背景下机械专业创新创业人才培养模式研究［J］．农机使用与维修，2024（7）：177-179．

[40] 张雨，孔书虞．纺织特色高校：培养现代纺织人才［J］．考试与招生，2023（10）：42-43．

[41] 彭浩凯，李婷婷，王庆涛，等．产教融合背景下纺织专业就业实习基地建设研究［J］．西部皮革，2024，46（8）：73-75．

[42] 罗敏，赵文欣，张强，等．有限元应用的创新能力培养与探索［J］．中国电力教育，2014（15）：88．

[43] 中国纺织服装教育学会．面向未来技术的纺织工程专业人才培养模式的探索［C］．2022世界纺织服装教育大会，天津，2022．

[44] 苏州大学简介［C］//中国生理学会消化与营养专业委员会成立大会暨第一届学术会，2016：75-75．

[45] 苏微．把特色写在"脸上"的大学［J］．求学，2022（8）：55-61．

[46] 戴雪峰，魏喆吉．青岛大学纺织科学与工程学科　山东纺织产业转型升级的强力支撑［J］．山东教育，2021（8）：54-55．

[47] 绍兴文理学院．绍兴文理学院简介［J］．学校党建与思想教育，2020（18）：F0002．

[48] 汪阳子．国内外纺织品设计专业人才培养模式研究与分析［J］．浙江理工大学学报（社会科学版），2018，40（1）：72-79．

[49] 林洪芹，王春霞，季萍，等．基于多方位交叉融合的纺织工程专业实践教学改革探索［J］．纺织报告，2021，40（1）：101-102．

[50] 晏劲松．中外高校人才培养模式比较研究：以地方本科院校教师教育专业人才培养为视点［J］．湖北工程学院学报，2014，34（1）：57-60．

[51] 王丹，蔡其明．社会营销视域下的校企联合培养模式创新探析［J］．改革与开放，2013（10X）：87-88．

[52] 教育部，国家发展和改革委员会，财政部．教育部等四部门关于印发《深

化新时代职业教育"双师型"教师队伍建设改革实施方案》的通知[Z].2019-08-30.

[53] 段然,邱登梅.深化国际化:培养具有国际竞争力的拔尖人才[J].上海教育,2011(21):58-59,56-57.

[54] 王丰.高等教育普及化背景下我国本科教育培养目标的思考[J].纺织服装教育,2022,37(6):501-504.

[55] 骆友圣.最新高等学校工程教育专业认证建设评估与工程教育教学改革创新及质量评价监测实务全书[M].北京:高等教育出版社,2021.

[56] 牛军宜,郭声波,徐福卫."卓越计划"下地方院校工程教育培养模式改革的探讨[J].科教文汇,2014(12):59-60,67.

[57] 林健."卓越工程师教育培养计划"质量要求与工程教育认证[J].高等工程教育研究,2013,61(6):49-61.

[58] 张薇.教学研究型大学本科人才培养规格和质量保障机制研究[D].南京:南京理工大学,2006.

[59] 张筱.教学研究型大学本科人才培养规格和质量保障机制研究[D].南京理工大学,2006.

[60] 郁崇文,郭建生,刘雯玮,等.纺织工程专业"新工科"人才培养质量标准探讨[J].纺织服装教育,2021,36(1):18-22.

[61] 洪剑寒,李旭明,钱红飞.适应社会需求、结合学科特色,培养高素质应用型专门人才:绍兴文理学院纺织工程专业人才培养方案修订总结[J].轻工科技,2019,35(1):152-153.

[62] 聂建斌,蔡玉兰.纺织工程专业(本科)培养目标定位的探讨[J].纺织教育,2008,23(2):52-53.

[63] 张维维,李敏,许爽,等.工程教育专业认证背景下集群式信息处理课群建设[J].现代教育科学,2017(7):104-108,118.

[64] 戴鸿,赵小惠,刘呈坤,等.纺织服装人才"四融合三强化四层次"培养体系的探索与实践[C]//2022世界纺织服装教育大会,天津,2022.

[65] 国务院关于印发统筹推进世界一流大学和一流学科建设总体方案的通知[Z].国发〔2015〕64号.

[66] 杨佑琼,杨科正.应用型、创新型、复合型人才之辨及培养策略[J].教育探索,2022,6:34-37.

[67] 周光礼.中国大学的战略与规划:理论框架与行动框架[J].大学教育科学,2020(2):10-18.

[68] 林春梅,肖立国,施丽莲.地方高校专业质量标准建设与实践[J].绍兴文理学院学报,2015,35(10):95-100.

［69］杨少斌，曹庆年，米国际，等．应用型本科院校一流本科专业质量标准的构建研究［J］．高教学刊，2021，7（23）：5-10.

［70］罗勇．"新文科"建设背景下高校会计人才培养改革的思考［J］．商业会计，2021（12）：4-8.

［71］郭涛，颜琪．工程教育认证背景下质量保障机制构建及应用［J］．计算机教育，2023（9）：114-119.

［72］田腾飞．论师范类专业人才培养质量的达成度评价［J］．教师教育学报，2020，7（4）：79-86.

［73］金凌虹．人才培养质量达成度评价：必然、实然与应然［J］．中国高等教育，2022（13）：63-65.

［74］窦慧晶，司农，刘楦．高等工程教育专业认证实践中的几点思考［J］．教育教学论坛，2020（9）：281-282.

［75］袁华，常志宏．"材料工程基础"课程建设的探索：以同济大学材料工程基础课程建设为例［J］．乌鲁木齐职业大学学报，2022，31（1）：45-48，52.

［76］刘兴冉．基于成果导向教育理念的课程教学改革研究：以"土地工程基础"课程为例［J］．教书育人（高教论坛），2022（5）：108-112.

［77］穆浩志，王晓菲，薛立军，等．工程教育专业认证对于有效落实课程教学目标的促进研究［J］．中国轻工教育，2017，20（2）：59-61，72.

［78］宋英明，袁微微，罗文，等．工程教育认证要求下核工程与核技术专业本科生的能力培养［J］．教育教学论坛，2018（42）：157-158.

［79］王卫东，孙月娥，王帅，等．OBE理念下食品科学与工程专业的毕业要求［J］．食品工业，2018，39（5）：292-295.

［80］刘卉，杨昕天．以学生核心能力为导向的培养体系研究［J］．理科爱好者（教育教学），2020（3）：13-14.

［81］邓年方，韦学丰，殷佳雅，等．课程思政和工程教育专业认证背景下的教学改革与创新：以"生物化学"课程为例［J］．教育教学论坛，2023（39）：85-88.

［82］白静，倪阳生．纺织教育内涵式发展十年记［J］．纺织科学研究．2019（5）：39-41.

［83］陈以一．协同性、开放式、立体化的卓越工程师教育培养体系的构建［J］．高等工程教育研究，2013（6）：62-67.

［84］丛洪莲，董智佳，蒋高明．纺织工程专业教学科研协同教育模式的探索与实践［J］．纺织服装教育，2017，32（5）：345-347.

［85］张淑梅，王文志，潘峰．校企合作纺织工程"1.5+1+1+0.5"人才培养模

式探索［J］. 农产品加工，2019（6）：111-112.

［86］杜姗，周伟涛，周金利，等. 纺织工程卓越工程师培育过程中专业认识实习的探索与实践［J］. 纺织服装教育，2021，36（2）：178-180.

［87］江南大学"卓越工程师教育培养计划"工作进展报告［EB/OL］.（2017-05-04）.

［88］武宝林王文涛. 卓越工程师培养的探索与实践［J］. 纺织服装教育，2014，29（2）：117-120.

［89］于杨，杨漫漫."拔尖计划"实施十年：研究热点与问题反思［J］. 高等理科教育，2019（6）：27-35.

［90］刘建阳. 基于项目为驱动的校企合作创新创业型人才的培养模式的改革与实践［J］. 教育教学论坛，2020（12）：8-9.

［91］蔡元宇. 我国高等工程专科教育的改革动向：对上海片高工专学校教改状况的考察综述［J］. 电力高等教育，1994，（1）：43-45.

［92］徐伟悦."双一流"建设背景下高校书院制管理模式探究［J］. 大众文艺：科学教育研究，2019（16）：224-225.

［93］郭久强，吴镁凡. 三全育人理念下的现代书院制育人模式研究：以汕头大学书院制为例［J］. 智库时代，2019（25）：162-164.

［94］马珺. 应用型本科高校书院制建设研究与实践探索［J］. 河南教育，2023（12）：5-7.

［95］丁姗，杨舒婷. 探索"新工科"纺织人才培养模式［N］. 中国纺织报，2019（001）.

［96］刘庆生，黄锋林，徐荷澜，等. 纺织类专业国际化人才培养的探讨与实践：以江南大学纺织科学与工程学院为例［J］. 纺织报告，2023，42，（7）：73-76.

［97］东华大学2010年艺术类专业本科招生简章.

［98］李丽. 上海高校与欧洲应用型技术大学合作办学对我校应用型人才培养的启示［J］. 现代职业教育，2015（22）：74-77.

［99］关晋平. 纺织类本科国际化创新人才培养模式探索：以苏州大学为例［J］. 纺织服装教育，2022，37（1）：25-27.

［100］朱志勇，吕慧萍. 绍兴文理学院应用型人才培养模式改革的理念、实践和瞻望［G］. 绍兴：绍兴文理学院，2009.

［101］寿永明. 应用型课程教学模式改革的实践探索：以绍兴文理学院为例［J］. 绍兴文理学院学报（哲学社会科学），2013，33（5）：105-107.

［102］刘越，钱红飞，胡玲玲，等. 基于应用型人才培养模式下的《染料化学》课程教改探讨［J］. 山东纺织经济，2014（2）：33-37.

[103] 缪宏超. 纺织工程专业"纺织品市场营销"教学模式改革初探[J]. 2015, 1: 101-102.

[104] 徐小萍, 洪剑寒, 邹专勇. 基于项目驱动的纺织类专业课"两性一度"提升路径与实践[J]. 纺织服装教育, 2024, 38 (6): 7-11.

[105] 段亚峰, 洪剑寒, 纪晓峰. 构筑特色学科竞赛平台助力纺织创意设计人才培养质量提升:以"中国高校纺织品设计大赛"学科竞赛平台建设为例[J]. 纺织服装教育, 2021, 36 (3): 212-217.

[106] 王栋, 钱付平, 鲁进利, 等. 工程专业认证(评估)背景下建筑环境与能源应用工程专业卓越人才培养模式的探索[J]. 高等建筑教育, 2020, 29 (2): 58-63.

[107] 钟立生, 邹洁. 高校艺术专业教学成果市场化条件与路径探析[J]. 美术大观, 2012 (11): 158-159.

[108] 蒋占峰, 杨书萍. 论高校思想政治理论课程建设[J]. 郑州航空工业管理学院学报(社会科学版), 2006 (5): 154-155, 158.

[109] 孙平红. 创新课程思政教育探索,提高育人实效新模式[J]. 新教育, 2023 (8): 27-29.

[110] 王永昌, 韩晓阳. 深刻领悟讲话精神奋力践行使命担当:浙江将"努力成为新时代全面展示中国特色社会主义制度优越性的重要窗口"[J]. 观察与思考, 2020 (6): 5-14, 2.

[111] 汤正伟, 宋婷. 八千里路云和月 记浙江工业和信息化实施"八八战略"20周年[J]. 经贸实践, 2023 (5): 8-13.

[112] 李丛, 宋戈, 常英立, 等. "大学物理实验"课程思政教学改革探索[J]. 教育教学论坛, 2020 (23): 196-197.

[113] 梁建芳, 张泽军, 李筱胜. 产教融合背景下服装专业"三位一体"与"四步进阶"的人才培养创新探索[J]. 纺织科技进展, 2023 (6): 61-64.

[114] 白刚, 刘艳春, 王维明, 等. 产教融合背景下轻化工程专业本科应用型人才培养模式探索与实践[J]. 西部皮革, 2022 (23): 51-53.

[115] 方菁华. 产教融合对应用型本科人才培养的价值及其实现路径研究[D]. 广州:广东技术师范大学, 2022.

[116] 徐小萍, 洪剑寒, 邹专勇. 地方高校产才融合育人范式研究与实践:以绍兴文理学院为例[J]. 纺织服装教育, 2024, 38 (6): 7-11.

[117] 胡奇, 宋洪峰. 立足产才融合,打造具有国际竞争力的博士后人才队伍[J]. 中国科技人才, 2024 (2): 19-27.

[118] 陈文娟. 同向共兴的产才融合路[J]. 四川党的建设, 2024 (7): 32-33.

[119] 对接产业育人才改革创新铸品牌[J]. 中国职业技术教育, 2019, 35 (16):

I0014–I0015.

[120] 王东波. "新工科"背景下省域高校现代产业学院建设实践分析：以粤苏浙闽四省为例[J]. 海峡科技与产业, 2023, 36(4): 68-73.

[121] 杨鹏, 余明辉. 高职工程教育"融合创新"范式的行动指南、有效载体与实现路径[J]. 职业技术教育, 2021, 42(17): 6-10.

[122] 雷金火. 深化产教融合：政策推进、实践探索与行动反思：基于全国地方政府、部分高校振兴本科教育行动情况的调查[J]. 安徽工业大学学报（社会科学版）, 2020, 37(5): 89-92.

[123] 华振兴. 高等院校面向社会产业急需的现代产业学院建设探索与实践[J]. 纺织报告, 2023(9).

[124] 马亮, 温曼婷, 肖富文. 基于CNKI文献计量和内容分析的我国协同育人领域研究综述[J]. 黑龙江高教研究, 2019(10): 152-156.

[125] 刘秀玲, 张巨勇, 李旻, 等. 国际商务专业硕士校地协同育人机制创新[J]. 大连民族大学学报, 2023, 25(5): 457-462.

[126] 蒋文娟. 我国科教结合协同育人机制研究[D]. 中国科学技术大学. 2018.

[127] 秦璐, 董羽. 新工科背景下工程教育人才培养模式的创新性研究[J]. 江苏高教, 2022(12): 90-94.

[128] 高华斌, 牛方, 梁龙. 自立自强打赢关键核心技术攻坚战[J]. 中国纺织, 2021(Z4): 26.

[129] 杨国兴, 郑宏香. "医教产研"协同育人的本质内涵和实践路径：基于新医科建设的视角[J]. 现代教育科学, 2023(1): 37-42.

[130] 洪剑寒, 段亚峰, 韩潇. 纺织工程专业"五位一体"实践教学体系构建及其实施效果：以绍兴文理学院纺织工程专业为例[J]. 轻工科技, 2019, 35(11): 152-153.

[131] 徐小萍, 洪剑寒, 邹专勇. 高校—学会（协会）—企业三方协同育人机制探索：以绍兴文理学院纺织类专业人才培养为例[J]. 纺织服装教育, 2023, 38(6): 7-11.

[132] 黄轶文. 新型软件技术人才的校企联动共育模式[J]. 计算机教育, 2022(10): 72-78.